U0155450

改变世界的发现

科学大发现背后的故事

·生物天文地理篇·

刘宜学 沙 莉／著

插图版

齐鲁书社
·济南·

图书在版编目（CIP）数据

改变世界的发现：科学大发现背后的故事. 生物天
文地理篇 / 刘宜学, 沙莉著. -- 济南：齐鲁书社,
2023.1
　　ISBN 978-7-5333-4643-0

　　Ⅰ. ①改… Ⅱ. ①刘… ②沙… Ⅲ. ①科学发现－普
及读物 Ⅳ. ①N19-49

　　中国版本图书馆CIP数据核字(2022)第218022号

策划编辑：傅光中
责任编辑：张　巧
责任校对：赵自环　王其宝
装帧设计：亓旭欣

改变世界的发现：科学大发现背后的故事（生物天文地理篇）
GAIBIAN SHIJIE DE FAXIAN：KEXUE DAFAXIAN BEIHOU DE GUSHI SHENGWU TIANWEN DILI PIAN
刘宜学　沙　莉　著

主管单位	山东出版传媒股份有限公司
出版发行	齐鲁书社
社　　址	济南市市中区舜耕路517号
邮　　编	250003
网　　址	www.qlss.com.cn
电子邮箱	qilupress@126.com
营销中心	（0531）82098521　82098519　82098517
印　　刷	山东临沂新华印刷物流集团有限责任公司
开　　本	720mm × 1020mm　1/16
印　　张	12.5
插　　页	1
字　　数	149千
版　　次	2023年1月第1版
印　　次	2023年1月第1次印刷
标准书号	ISBN 978-7-5333-4643-0
定　　价	38.00元

前言
（总）

在地球这颗美丽迷人的星球上，人类的远祖从动物进化而来。他们在混沌中睁开双眼，挺直腰板走出洞穴，走出丛林，走出愚昧……他们用刚获得解放的双手擦亮好奇的双眸，拨开心智的迷雾，学会利用大自然恩赐的资源制造工具……

在人类社会发展的历史长河中，人类对于自然，对于自身，对于规律，对于真理的发现，多得像那夜空中闪烁的繁星，数也数不清。《改变世界的发现：科学大发现背后的故事》科海拾贝，在数学、物理、化学、生物、天文、地理等领域遴选78项古今中外改变世界的重大科学发现，分《改变世界的发现：科学大发现背后的故事》（数学物理化学篇）和《改变世界的发现：科学大发现背后的故事》（生物天文地理篇）两部书同时出版。这些伟大的发现，在经意或不经意之间，让人类更深入、更准确地了解自己所处的宇宙，更合理、更完整地解释我们所在的色彩斑斓的世界。从一定意义上说，这些伟大的科学发现，使人类在潜移默化中改变了自己，甚至由此石破天惊般地改变了世界！

放眼大自然，人类发现了生物起源的奥秘，发现了大海深处的生物；发现了地球是球体，发现了神秘的南极洲；发现了日月星辰的运转规律、肉眼看不到的海王星和冥王星，以及太阳系外的星座和银河系外的星系；发现了宇宙深处无所不在的微波背景辐射……

凝视微观世界，人类发现了充满活力的细菌和病毒；发现了比分子还小的原子，比原子更小的电子、质子和中子……

人类的每一次大发现，都是勇敢者留下的坚实的足迹。然而，我们深知发现之旅绝非坦途，光有勇气还远远不够，还需要好奇、执着、智慧，甚至非凡的想象力和一点点好运气。

因为好奇，病中的魏格纳凝视着一张普通的世界地图，发现了大陆漂移的线索；因为执着，居里夫妇从30多吨矿石当中，提炼出了0.1克纯净的镭；因为敏锐，勒威耶和亚当斯能通过复杂缜密的数学计算，发现"笔尖下的行星"——距离太阳最遥远的行星海王星；因为专注，殚精竭虑的化学家凯库勒竟然在梦境中构想出6个氢原子和6个碳原子首尾相接的苯分子的环状结构……

好吧，在您开启本书的"发现之旅"之际，让我们记住著名科学家牛顿说过的一句话：

如果你问一个溜冰高手怎样才能学会溜冰，他会告诉你："跌倒了，爬起来。"——这就是成功。

· · · · · ·

哥白尼在《天体运行论》引言中写道：难道还有什么东西比当然包括一切美好事物的苍穹更加美丽的吗？图为正在凝神眺望天际的尼古拉·哥白尼。（英国版画家梅森·杰克逊刻，英国维尔康姆博物馆藏）

我承认

自己对许多课题的论述与我的前辈不一样。

但是

我要深切地感谢他们，

因为他们首先开拓了研究这些问题的道路。

Nuf Copemnf

哥白尼

目 录

天文·地理

生物·医药

矢志不渝

——李时珍编撰《本草纲目》的故事

在世界医药史上，有一部被西方誉为"东方医学巨典"的辉煌巨著——《本草纲目》。它由我国明朝伟大的医药学家李时珍撰写而成，其中凝聚着这位名医毕生的心血。

1518 年，李时珍出生于蕲州（今湖北省蕲春县）的一个医生世家，他的祖父、父亲都是民间医生。在古代，医生的社会地位较低，被人瞧不起，因此父亲很希望儿子走"学而优则仕"的道路，督促李时珍从小埋头念书。但是，李时珍受到家庭环境的影响，偏偏打心眼里爱上了行医这一行。20 多岁时，他就随父亲走南闯北，开始了漫长而艰辛的行医生涯。

有一天，李时珍和父亲在自家药园里劳作。突然，有个人急匆匆地跑进来要找大夫。原来有一个病人服了李时珍父亲开的药后，病情不但没有减轻，反而加重了。李时珍的父亲百思不得其解，因为他开的药方没有错，剂量也对，而且病人也按时服药，那么问题到底出在哪里呢？

几天后，李时珍找到了答案。他从病人服药后剩下的药渣里发现，药铺竟然因为一部本草书上的错误记载，把有毒的"虎掌"当作无毒的"漏篮子"抓给病人。

　　"这太危险了！"李时珍对父亲说，"看来，古人流传下来的本草书中也有很多错误，真不知害过多少病人！要是我们能逐一发现错误，重新编写出一部正确的本草书，那该多好！"

　　父亲赞许地对他说："对。不过，这事可没那么简单哪！除非朝廷下诏，否则便不容易做到。"

　　可是，倔强的李时珍暗下决心，一定要尽自己最大的努力将古人的错误纠正过来，留给后代子孙一部正确的本草书。从此，他一边行医，一边利用点滴时间对各种药物的性质、特点等进行详细的记载。同时，他还挤出时间研读了许多有关药物方面的书籍，并做了大量的笔记。

　　有一天，李时珍在阅读南北朝医药家陶弘景所著的《本草经集注》时，对可以入药的动物鲮鲤甲（即穿山甲）的描述产生了疑问。陶弘景认为鲮鲤甲是水陆两栖动物，它白天爬上岸来，张开鳞甲，装出死了的模样，引诱蚂蚁爬入鳞片内，接着突然合上鳞甲，然后潜入水中张开鳞甲，待蚂蚁浮到水面后再吞食。为了确认这段记述的真伪，李时珍亲自上山去仔细观察鲮鲤甲的捕食行为。在猎人和樵夫的帮助下，他捕获了一只鲮鲤甲并对它进行了解剖，在它的胃里发现了大量的蚂蚁，证实鲮鲤甲以蚂蚁为食物的说法。但是，在进一步的观察中，李时珍发现鲮鲤甲捕食蚂蚁的方式是直接扒开蚁穴，伸出舌头舐食，而不是诱蚁入甲再下水吞食。就这样，李时珍以严谨的态度、调查实践的方法发现了真相，改正了古书中的描述不准确之处。

　　经过十几年的精心准备，年届中年的李时珍开始结合自己多年的经验、详细的笔记，正式动笔编写本草书。几年后，李时珍被朝廷太医院选中，来到京城任职。但是，那些太医院的医生大都是崇信道术的庸医。在那种乌烟瘴气的氛围中，李时珍空有满腹才学却派不上用场。因此，不到一年时间他就托病回乡，继续编写本草书。不过，在太医院的这段时间，李时珍有机会接触到许多珍贵的古代医书，这些书为他的编写工作提供了不少翔实的材料。

眨眼间，整整 27 个年头过去了。1578 年，李时珍已是一位 60 岁的老人。他呕心沥血编写的辉煌巨著《本草纲目》完成了初稿的撰写，又经过三次较大的修改之后，终于定稿了。白发苍苍的李时珍用双手摩挲着这一大叠书稿，眼里闪动着欣慰的泪花。

李时珍在编写《本草纲目》时，并不盲从抽象的"三品"分类法即所谓"上药养命以应天，中药养性以应人，下药治病以应地"，而是按植物、动物、矿物等类别较为科学地把各种药材分为16 部：水、火、土、金石、草、谷、菜、果、木、服器、虫、鳞、介、禽、兽、人。每部下面都设立了释名、集解、修治、

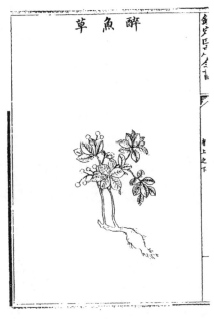

《本草纲目》中的醉鱼草和玉簪花

气味、主治、发明、正误、附方等内容，进一步对各种药物加以阐释说明。可以说，李时珍将中药材分类学的发展向前推进了一大步。

《本草纲目》是中国医药学宝库中一份珍贵的文化遗产，是一部充满发现和创新精神的辉煌巨著。它系统地总结了16世纪以前我国医药学领域丰富的实践经验，为中国和世界的医学事业发展做出了卓越的贡献。

（沙　莉）

绘制人体的 "地图"

——维萨里创立人体解剖学的故事

在探索人体构造的过程中，我们总是用层出不穷的新发现纠正以往错误的认知。《圣经》上有一则关于人类起源的神话，说女人是由上帝从男人体内抽出的一根肋骨造的。在很长一段时间里，人们都相信这样的说法，认为男人体内的肋骨数目左右不等，而且比女人的肋骨数少一根。还有，罗马帝国时期一位颇负盛名的医学家盖伦，曾对人体构造提出这样的认识：人的胸骨同动物一样分成 7 节，人的肝脏也同狗的肝脏一样分为 5 叶（实际上狗的肝脏为 7 叶），甚至人的腿骨也跟用四肢行走的哺乳动物的腿骨一样弯曲。

事实果真如此吗？千百年来，人们在同疾病做斗争的漫长过程中，逐渐认识到人体构造知识的重要性。然而，任何科学的发展轨迹都是螺旋式上升的，医学也不例外，它带着深深的时代烙印，在挣脱教会的钳制中不断寻求进步。

在黑暗的中世纪，欧洲的医学成了神学的奴仆。谁敢亵渎

《人体的结构》插图中的安德烈·维萨里画像（比利时鲁汶大学图书馆藏）

上帝而质疑《圣经》的神圣性？谁又敢针对被奉为偶像的盖伦的学术谬误提出批判？但总有勇敢的斗士甘愿冒着身家性命的危险，去追逐真理的光芒。比利时著名的医生和解剖家、近代解剖学的奠基人安德烈·维萨里就是这样一位伟大的勇士。

1514 年，维萨里出生在欧洲神圣罗马帝国时期布鲁塞尔的一个医药世家里。早在学生时代，维萨里就对人体解剖学产生了浓厚的兴趣。19 岁那年，他来到法国的巴黎大学医学院专攻医学，渴望弄清楚人体结构的秘密。

但是，现实却让维萨里十分失望。当时，解剖课上的教学简直是一幕幕滑稽可笑的闹剧。高高的讲台上端坐着一位身穿长袍、神情古板的教授，手捧盖伦所作的大部头解剖学著作，用深奥的拉丁文照本宣科；实际的解剖操作却由一位既不懂拉丁文，也不懂盖伦解剖学的仆从进行。学生们绕桌环立，引颈张望，从对一只狗的解剖中学习人体解剖学的全部知识。

真是荒唐！在巴黎大学医学院的三年求学生涯中，维萨里从来没有在课堂上或解剖室里看见过一块真实的人体肌肉或骨骼。一切都是纸上谈兵，维萨里只能从盖伦课本上那陈旧而模糊的插图里，从对动物的解剖中得到一大串难解的名词和一鳞半爪的知识。

为了真正弄清楚人体结构的秘密，给人体描绘出一幅真实的"地图"，维萨里和几位志同道合的同学决定私下去寻找尸体进行解剖观察。可当时的教会严禁解剖人的尸体，因为教会认为人的肉体是"罪恶的渊薮"，那些胆敢违禁解剖尸体的人将受到宗教裁判所的惩罚，被判以终身监禁或死刑。不过，为了真理，维萨里顾不了那么多。一次策划周密的盗尸行动就这样开始了。

巴黎的郊外，有一处毗邻法国总监狱的坟地。那里乱草丛生，人迹罕至，是一块荒凉、恐怖的地方，也是官方处决犯人的刑场。

那是个漆黑阴冷的夜晚，维萨里和他的同伴们赶着马车来到刑场。他们巧妙地躲过了警卫的巡视，用棍棒驱赶走野狗，攀着木梯爬上绞架，取下一具具尸体、骸骨，偷偷运回学院，准备秘密地进行解剖观察。

飘忽摇曳的烛光下，维萨里和同伴们通宵达旦地进行着解剖工作，精心绘制了一幅又一幅人体肌肉、血管和内脏的解剖图。在大量的解剖实践中，维萨里揭开了千百年来蒙罩在人体解剖学上的神秘面纱，展示了一幅又一幅人体结构的真实图画。

原来，人的胸骨是一整条扁骨，而不是盖伦所说的分成 7 块；腿骨也因在直立行走中进化变直，而与用四肢行走的哺乳动物弯曲的腿骨不同；胸廓更是由左右对称的十二对肋骨组成，而且男女体内的数目完全一样；至于人的肝脏，则只有左右两叶……

本着追求真理的无畏精神，在长年细致观察的基础上，维萨里于 1543 年完成了一部解剖学巨著——《人体的结构》，对统治了人体解剖学千百年的盖伦学说提出了挑战，震撼了沉寂多年的解剖学领域，而且动摇了《圣经》中对人体构造的描述。

1559年，维萨里被西班牙国王腓力二世聘为御医，携妻女来到马德里为皇室服务。1563年，维萨里获准离开西班牙前往耶路撒冷。在船从耶路撒冷驶向意大利帕多瓦大学的途中，经过亚得里亚海时，维萨里在船上染病，病逝于希腊的扎金索斯岛。

维萨里关于人体结构的伟大发现，为人类开启了通往现代医学殿堂的大门，使人体构造研究迎来了科学昌明的曙光。他创立的人体解剖学，帮助从医人员准确了解人体结构，给无数病患带来了生的希望。

（沙　莉）

勇于挑战权威的"小解剖家"

——哈维发现血液循环的故事

　　1578 年 4 月 1 日，威廉·哈维出生于英国东南部的肯特郡福克斯通镇。哈维的父亲是一位农场主，家境殷实。因此，哈维从小就接受了良好的教育。16 岁那年，他来到剑桥大学攻读艺术和医学。

　　哈维真正的兴趣是在医学研究上。在大学读书期间，他就立志从医。在哈维生活的时代，英国的科学技术相对落后。为了改变这种局面，许多英国人跨过英吉利海峡到欧洲大陆留学，哈维也不例外。从剑桥大学毕业后，他来到当时欧洲顶尖的大学——意大利的帕多瓦大学继续深造，那里有当时世界上最好的医学院。在帕多瓦大学，哈维师从意大利著名的解剖学家和外科专家哲罗

英国著名生理学家威廉·哈维画像（英国维尔康姆博物馆藏）

姆·法布里修斯。同时，哈维还成了亚里士多德信徒、意大利著名的哲学家切萨雷·克雷莫尼尼的学生。

法布里修斯在解剖学和外科医学方面的言传身教，就像种子一样深深地埋进了哈维的心田，使他日后成为了一位像导师一样重视实证研究的学者。哈维极其重视动物和人体解剖，因此在学医过程中，他的同学们送给他一个绰号，叫"小解剖家"。由于哈维学习刻苦，独立操作能力强，他顺利地获得了帕多瓦大学的医学博士学位。回到英国伦敦后，哈维开始行医。1607年，他当选为英国皇家医学院院士；1615年，担任皇家医学院的解剖学讲师，此后长年在医学院从事外科教学。

年轻时，哈维就通过解剖实验和医疗实践深深地认识到，若能弄清人体血液循环的奥秘，必能使医疗救助技术获得更大的突破。因而他积极投身于探索血液循环真相的工作，对此展开了专门的研究。

其实，人类对人体血液系统的探索由来已久。公元前3世纪，古希腊第一个在公开场合展示人体解剖的"解剖学之父"赫罗菲拉斯，第一个较为清晰地区别了动脉和静脉：动脉有搏动，静脉没有搏动。赫罗菲拉斯还正确地认识到动脉输送血液，而非他的老师普拉克萨哥拉斯所说的输送气体。

公元2世纪时，罗马帝国时期著名的医学家盖伦对血液的流动进行了研究，认为血液是由肝脏制造出来，靠"灵气"的推动流向全身，并"一去不复返"。盖伦的这些观点具有极大的局限性，但是，当时的基督教会却把它和克罗狄斯·托勒密的"地心说"一起神化，纳入了基督教教义。从此，在漫长的欧洲中世纪时期，盖伦成了解剖学和血液学领域的权威，后人对他只能顶礼膜拜，不能提出怀疑或者反对的意见。

　　但是，任何权威的面纱都遮掩不住真理的面容。1543 年，29 岁的帕多瓦大学医学教授维萨里根据自己多年的实践与观察，写出了《人体的结构》一书，在尊重人体解剖事实的基础上，否定了盖伦"血液可以在左右心室之间随意往返通过"的理论，从而揭开了近代解剖学研究的序幕。

　　后来，西班牙自然科学家边克尔·塞尔维特首次发现了人体血液的肺循环原理。他明确指出，由右心室出来的血液通过肺动脉进入肺部，在肺血管中被"改造"成鲜红色，再进入肺静脉，而后返回左心房。1553 年，年仅 42 岁的塞尔维特因所谓宗教异端的罪名，被宗教裁判所判处火刑，在瑞士日内瓦的刑场上被教会用火活活烧死。临刑前，毫无惧色的塞尔维特留

一幅描绘了哈维在解剖实践中以雄鹿为例向学生们讲解血液循环的版画（英国维尔康姆博物馆藏）

下了一句坚定有力的话："我既没有撒谎，也没有犯罪！"

非但没有撒谎、没有犯罪，塞尔维特这项重大的生理学发现，实际上奠定了后来血液循环研究的基础。面对教会火刑的威胁，塞尔维特没有屈服；同样，面对统治了欧洲1000多年的盖伦血液学说，哈维也没有盲从。哈维说过："解剖学家要以实验为依据，而不能以书本为依据。"

哈维通过人体解剖实验，发现塞尔维特的循环理论是正确的。为了更有力地推翻盖伦关于血液循环的谬误学说，他把量化方法引入生理学研究，对血液的运行进行了多维度的计量。他根据实验得到了在当时的条件下能得到的最精确的数据，正确地测算出正常人体内一小时从左心室泵出的血液量，大约相当于一个魁梧的人体重的3倍！板上钉钉的数据，完全驳倒了盖伦关于"血液一去不复返"的谬论。因为如果盖伦说的是事实，那么，每隔20分钟就要从心脏中流出相当于人体体重的血液，哪里来的这么多血液呢？！如果不是通过循环回到右心房，那这么多血液又会流到哪里去呢？

由此可见，唯一正确的解释是：人体内的血液是循环流动的。血液从心脏里流出，经过动脉血管流入静脉血管，再重新回到心脏，这就是哈维创立的血液循环学说。1628年，哈维在他的著作《心血运动论》中系统阐明了这一学说，标志着现代生命科学研究开启了崭新的篇章。

（沙　莉）

雨水里的秘密

——列文虎克发现细菌的故事

安东尼·范·列文虎克是荷兰科学家、微生物学的开拓者。在青少年时代，由于家境不好，他中途就辍学了，因此没有受过系统的自然科学教育。但列文虎克对生物学非常感兴趣，他喜欢大自然中的一草一木、花鸟虫鱼，觉得奥妙无穷的生物世界有一种巨大的魅力让他着迷。

1665年，列文虎克研制出了一台显微镜。对他来说，这无异于如虎添翼，他仿佛有了一张进入微观世界的通行证。列文虎克用显微镜观察了一些肉眼很难看清楚的东西，比如苍蝇的翅膀、蜘蛛的脚爪、羊毛的纤维等。微观世界的精彩令他兴奋不已，他不停地观察，不停地记录。

1673年，他将观察记录材料整理成《列文虎克用自制的显微镜观察皮肤、肉类以及蜜蜂和其他虫类的若干记录》一文，寄给英国皇家学会，但文章并没有得到学术界的承认。许多人对文章的内容抱怀疑态度，因为文中所描述的微观世界谁也没

安东尼·范·列文虎克所著《自然的奥秘》中的作者画像（美国国会图书馆藏）

有见过。

列文虎克对学术界的态度感到遗憾，但他并不气馁。他想，只有自己拿出更有力的证据，才能扫除权威们的偏见。他继续用显微镜观察各种动植物。

1675 年的一天，天空中忽然下起了滂沱大雨。狭小的实验室又黑又闷，列文虎克站在屋檐下的窗边上，望着从天而降的雨水。

忽然，他萌生了一个念头：何不用显微镜来看看雨水里有什么东西？

于是，他跑到屋檐下，用吸管在水塘里取了一管雨水，滴了一滴在显微镜下进行观察。

"雨水里怎么会有东西在动？"忽然，列文虎克不禁大叫起来。原来，他看到雨水里有无数奇形怪状的小东西在蠕动。他认为这是由于自己的眼睛过于疲劳而产生了错觉，便揉了揉发涩的双眼，再进行观察，可看到的情形跟刚才的一样。他感到十分惊讶，连忙大声呼唤自己的女儿："玛丽娅，快来啊！快来啊！"

正在打扫卫生的女儿听到父亲的喊叫声，以为实验室里发生了什么意外，立即扔下拖把，直奔实验室。

"我给你看个东西。"列文虎克指了指显微镜。玛丽娅凑到显微镜的目镜跟前一看，惊奇地叫道："哎呀，这是什么东西啊？跟童话里的'小人国'一样。"

"这是雨水里的世界。"

"那真是太奇怪了。"

"是啊，确实太不可思议了。"列文虎克陷入了沉思，"这些'小人国'里的'居民'是从天上来的吗？"

为了验证这个问题，列文虎克叫女儿用干净的杯子到外面接了半杯雨水，然后取出一滴，滴在显微镜下，结果没有看到什么东西。可是，过了几天再观察，杯子里的雨水又有了"小居民"。结论是显而易见的：这些"小居民"不是来自天上。

雨水里有"小居民"，那么其他东西里有没有呢？

他将牙齿缝中的牙垢取下来，用刚取的雨水稀释之后，放在显微镜下，结果看到了"小居民"；他又将泥土取来，用刚取的雨水搅拌后，取一点放在显微镜下，结果也看到了"小居民"。

列文虎克将这些实验记录整理好写成实验报告，寄给了英国皇家学会。这篇实验报告就像一颗重磅炸弹，在英国学术界引起一片哗然。

"雨水里怎么会有生物？这简直是胡说八道！"

"这恐怕是在跟我们开玩笑。"

"看这报告的格式、文法，文章所述的真实性就可想而知。"

绝大多数的科学家对列文虎克的观察结果持怀疑的态度，幸亏英国皇家学会对科技成果的验收具有严格的规定，不允许学会的专家们草率地将这篇文章不予理睬、束之高阁。

于是，英国皇家学会组织了由 12 名学术权威组成的考察团。他们乘船来到列文虎克的家乡——荷兰的代尔夫特。

列文虎克著作《自然的奥秘》扉页（美国国会图书馆藏）

在列文虎克的实验室中，科学家们在列文虎克制作的显微镜下观察到了水中的"小居民"。他们激动万分，纷纷称赞列文虎克的发现具有里程碑的意义。考察结束后，他们向英国皇家学会提交了书面报告，报告称："列文虎克在他的小实验室里创造了奇迹！"

列文虎克发现的"小居民"，就是后来人们所说的细菌。他的这一发现，打开了微观世界的一扇窗户。透过这扇窗户，人们看到了一个丰富多彩的微观世界。

1680 年，列文虎克被推选为英国皇家学会会员，这是对他 20 年来刻苦钻研的最好褒奖。

（刘宜学）

会治病的大黑鱼

——伽伐尼发现生物电的故事

传说在 2000 多年前，古罗马帝国流行着一种奇怪的治病方法，用于治疗头疼、痛风等病症。

有一天，一个病人一瘸一拐地找医生看病。"大夫，我腿上的痛风又发作了，难受极了！"病人痛苦地说，"您能不能开点药？"

大夫仔细地看了看病人的腿，摇摇头说："用不着吃药。不过，你需要一笔钱，去海边休养一段时间就会好的。"

病人疑惑地看着大夫，不解地问："什么？去海边休养就行了？"

大夫开了张单子，递给病人说："你按照这个地址，到海滩边找到这个渔夫，他会让你明白的。放心，你的痛风一定会好的。"

病人听从了大夫的话，半信半疑地来到海边。那渔夫接过医生写的单子，便把病人带到了海边潮湿的沙滩上，接着在他脚底放了一条大黑鱼。

"哎哟！"病人只觉得脚底一阵发麻，情不自禁地叫了一声。不过，他却觉得腿上舒服多了。

"这样就能治好痛风吗？"病人问道。渔夫点点头说："不错。你只需要在这儿待上几天，每天都到海滩上和这条大黑鱼在一起，包好。"

"为什么这样就能治好痛风呢？"病人好奇地问。

对方耸耸肩说："我也说不清楚。反正，这法子挺有效的。"

果然，没过多久病人的痛风就得到了缓解，他高高兴兴地回家了。

意大利医生、动物学家路易吉·伽伐尼画像（英国维尔康姆博物馆藏）

古罗马流行的这种治病方法，听起来的确很奇怪。但是，长期以来，谁也没有去深究这里头到底有什么奥秘。

岁月静静地流逝，这种奇特的治病方法渐渐地被人们遗忘了。到了18世纪，意大利一位训练有素的医生和动物学家路易吉·伽伐尼解开了用大黑鱼治病的奥秘。

1737年9月9日，伽伐尼出生于意大利的博洛尼亚。他从小接受正规教育，1759年从博洛尼亚大学毕业，1762年获得医学博士学位后被母校聘为讲师。

在一次实验中，伽伐尼和助手正在解剖青蛙。无意间，助手用带电的解剖刀碰了一下青蛙的静态神经，突然电火花一闪，已经死亡的青蛙的腿竟然踢了一下！伽伐尼敏锐地认识到，这一现象可能是生物身上带电所导致的。

一幅描绘了伽伐尼生物电实验过程的版画（英国维尔康姆博物馆藏）

伽伐尼没有急于公布自己的发现，而是埋头继续深入研究动物肌肉带电和肌肉动作之间的关系。直到 1791 年，他才正式发表论文《关于电对肌肉运动的作用的评论》，向全世界宣布了生物电的发现。他认为动物的肌肉动作是由生物电所引发的，大脑是发出生物电的重要器官，神经和肌肉之间的信号通过生物电传导。伽伐尼在发现生物电的同时，也彻底纠正了历史上认为神经信号是通过像血管一样的管道传导的错误。

关于古罗马大黑鱼治病的故事也有了科学的解释：原来这是生物电在起作用。带电的大黑鱼也有了名称——电鳐。据说，世界上至少有 500 多种鱼拥有放电或检测电场的能力。海洋生

伽伐尼使用过的实验仪器——隔热桌（英国维尔康姆博物馆藏）

伽伐尼使用过的实验仪器——起电盘，其中一只起电盘上带有玻璃手柄（英国维尔康姆博物馆藏）

物这种长期进化而来的本领，能够帮助它们有效地捕获猎物或抵御天敌。

那么，生物为什么会产生生物电呢？

这个问题一直困扰着科学家，直到 20 世纪 50 年代，人们才彻底解开其中的奥秘。原来，一般而言，生物体的每个细胞都有完整的细胞膜。细胞膜上有两层磷脂分子，细胞膜内带电离子必须经过离子通道才能穿过细胞膜进入膜外环境。平时，细胞内钾离子多，细胞外钠离子多，而细胞膜对钾离子比对钠离子的通透性大，对细胞内蛋白质负离子的通透性则几乎为零。也就是说，正常状态下，细胞膜上钾离子通道打开，钾离子受浓度差的驱动流向细胞膜外。膜外正电位，膜内负电位，造成细胞内外电位差，这就是静息电位。当细胞受到一定的刺激，细胞膜上钠离子通道打开，膜外钠离子就会迅速流向膜内，膜外负电位，膜内正电位，产生动作电位。一个个细胞排列整齐，就好像一个个小电池被串联起来那样。

生物电的发现为人类解开神经传导的奥秘奠定了基础。今天，生物电理论已在临床实践上广为应用。医生常通过心电图来判断患者是否患有心脏疾病，用脑电图来协助诊断脑部疾病。因为正常人的心脏细胞和脑细胞都显示出正常的生物电图像，而异常或老化的细胞则呈现反常的图像。这些图像为医生更好地诊断病情提供了有效的帮助。

（沙　莉）

笑话引出大发现

——道尔顿发现色盲的故事

约翰·道尔顿生于 1766 年，是英国著名的天文学家、物理学家和化学家。作为构建现代原子理论的先驱者，道尔顿为人类解开原子秘密做出了卓越的贡献。不过，今天人们提及道尔顿，更多的会想起他发现的色盲症。据说，这一发现源于他年轻时闹出的一个大笑话。

1794 年，28 岁的道尔顿为了庆祝母亲的生日，特意抽出时间逛百货公司，想为慈祥的母亲选购一件称心如意的礼物，尽一份孝心。

一进百货公司，但见商品琳琅满目，让人目不暇接，难以抉择。道尔顿走过来，看过去，好不容易才看中一双高级丝袜。这双袜子质地极其柔软，光泽、式样、做工都让人十分满意，尤其是那深蓝的颜色，雅致、大方、古典，特别适合老年人穿。

在母亲的寿宴上，道尔顿恭恭敬敬地献上他精心挑选的礼物："妈妈，希望您能喜欢这双袜子。"

英国化学家、物理学家约翰·道尔顿画像（美国国会图书馆藏）

望着这位孝顺的儿子，老太太满脸喜悦地接过这双袜子。定睛一看，她宽容地微笑着说："傻孩子，这么鲜艳的色彩，我这么大年纪怎么能穿出去呢？"

道尔顿不解地看着母亲，急切地说："妈，这深蓝色的袜子不正适合您这年龄吗？"

"什么？深蓝色？哈哈哈……"老太太和一起前来贺寿的客人们哄堂大笑起来，都以为道尔顿在开玩笑。

瞧着热闹，道尔顿的弟弟也挤了过来，拿起袜子说："你们笑什么？这真是深蓝色的袜子啊！"

"哈哈哈！"又一阵开心的大笑。

笑声中，道尔顿兄弟仿佛丈二和尚——摸不着头脑。

"孩子，这双袜子明明是鲜艳的红色，就跟红玫瑰一样，你们俩怎么说是蓝色的呢？"妈妈止住了微笑，亲切地问道。

这下可真把道尔顿给问住了。他见母亲郑重其事的神情，不像在开玩笑，赶紧使劲地揉了揉自己的眼睛，可他看到的仍然是一双蓝色的丝袜。

怪了！科学家的直觉和理性告诉道尔顿，这里面一定有文章！一定要弄个水落石出。此时，一桩儿时的往事也在脑海中涌现出来。

那一年，道尔顿与朋友一同到郊外玩耍，碰巧看见一队步伐整齐的士兵走过。这时，身边的一位小男孩忍不住说："多么鲜艳的红色军装，真帅！"

"什么？你怎么连颜色都分不清楚，明明是草绿色的军装嘛！"道尔顿马上指出同伴的错误。可是，他的话却引来了小伙伴们的一阵笑声，窘迫的小道尔顿觉得莫名其妙。

对！一定有问题。道尔顿决定暂时搁下手头正在进行的化学实验，对这一怪异现象进行研究。经过一段时间的探索，他终于对这个现象提出了一个较为合理的解释，证明自己和弟弟都因隔代遗传的影响，患上了一种先天性的眼科疾病。这种疾病不痛不痒，只是患病的人对某些颜色分辨不清，以致有的人根本就不知道自己的眼睛出了问题。

一个笑话引出了大发现！善于捕捉科学现象的道尔顿向社会公布了他的研究成果，并将这种眼病叫作"色盲"。他的发现在社会上引起了广泛关注。为了纪念他，人们还将他所发现的色盲症称作"道尔顿症"。

据调查，男性患有红绿色盲的比例远远高于女性。具体而言，男性患者比例为 5%～6%，而女性仅有 1% 的人患色盲。色盲症绝大多数是先天遗传所致，极少有人因后天眼病罹患色盲。

我们知道，世界上所有的颜色都由红、绿、蓝三种颜色调和而成。而在人的视觉器官中有感受这三种颜色的特别结构，三者缺一不可。如果感受红色的特别结构缺失，人眼就分不清红色，医学上称之为"红色盲"；同样，感受绿色或蓝色的特别结构缺失，人就患上"绿色盲"或"蓝色盲"；也有人同时看不见红绿色，称之为"红绿色盲"；甚至还有人患有更严重也更少见的"全色反""全色盲"。

发现色盲的意义在于提醒患者，尽量避免从事需要正常的颜色分辨能力的工作，比如驾驶、验钞、绘画、设计等。因为患有色盲的司机可能会看错稻田、路标、红绿灯而发生车祸，银行的职员也可能对纸币真假不辨，而画家则更是心手不一，涂抹着奇奇怪怪的颜色。

因此，我们就不难理解为什么升学体检时，医生总要搬出一本五颜六色的画册让学生们辨认了。原来，他们是在筛查色盲症。

（沙 莉）

敢于挑战教会权威的勇士

——达尔文创立进化论的故事

在查尔斯·罗伯特·达尔文之前，人们普遍相信：世间万物都是所谓的万能的上帝在七天之内创造出来的。当然，在科学昌明的今天，"上帝造物"早已被认为是宗教的说教。可是，在160多年前，驳斥上帝造物论需要的不仅仅是科学的证据，更需要大无畏的勇气！

查尔斯·罗伯特·达尔文就是这样一位勇士。1809年，这位英国博物学家出生于一个世代行医的家庭里。从小时候起，达尔文就善于观察身边的自然事物，展现出了热爱大自然的天性。

有一次，少年达尔文在一棵大树的树皮上发现了两只罕见的昆虫，为了进一步观察研究，他连忙用双手各抓了一只。就在这时，他又看见一只稀奇古怪的甲虫，情急之下，达尔文竟然将右手中的虫子塞进嘴里，腾出手来去捕捉那只甲虫。

"哎哟！"达尔文在心里大叫一声。原来，嘴里的虫子又

英国著名生物学家、进化论的奠基人查尔斯·罗伯特·达尔文画像（美国国会图书馆藏）

蹦又跳，突然排出一股极其辛辣难忍的液体。可是，热爱科学的达尔文却不愿让虫子逃出，但见他双唇紧紧地抿着，一副决不退缩的模样。

达尔文在大自然的课堂中，乐于与蝴蝶、蜜蜂、蚂蚁为友。就这样，靠着这种对自然和科学的强烈热爱，在对自然真切仔细的观察中，18岁的达尔文完成了两篇生物学论文，澄清了当时的人们对"幼虫"和"卵囊"的模糊认识。

1831年，22岁的达尔文从剑桥大学毕业，并获得了当牧师的资格。但他早已无心于神学，甚至开始悄悄地对"上帝造物"的宗教神话产生了怀疑。他经常思考这些问题：

猫与老虎十分相似，是不是它们之间存在着密切的亲缘关系呢？

为什么它们一个体型小巧、温和恭顺；一个体格强壮、暴戾恣睢呢？

为什么猫生猫、虎生虎呢？

关于生物异种共祖的问题，有些古希腊的哲学家曾经做过一些似乎荒谬离奇的推测，比如猫是老虎变来的，或者老虎是由猫变成的。不过，当时大多数人错误地认为地球仅有6000年的历史。这么短暂的时间远不足以使生物出现变种，于是"异种共祖说"被斥为谬论，打入冷宫。

那么，怎么解开物种起源之谜呢？

机会终于来了。

一天，达尔文的老师、植物学教授约翰·汉斯罗来信说，达尔文已被推荐以博物学家的身份参加军舰"贝格尔号"的环球考察航行。真是天赐良机！达尔文欣喜若狂，他匆匆地告别家人，壮志满怀地登上了"贝格尔号"舰。

环球航行开始了。考察船沿着海岸航行，对那些鲜为人知的岛屿展开了考察。达尔文充分利用时机，开始对尚未被欧洲学者所了解的各种生物进行科学研究。

在跟船考察的过程中，达尔文读了一本有关地质学的著作——查尔斯·莱尔的《地质学原理》。莱尔认为地球年龄长达数百万年，甚至宣称尚无任何线索可以测知地球存在的起点。这本书给达尔文留下了深刻的印象。

1835 年 9 月，"贝格尔号"航行到太平洋上的加拉帕戈斯群岛。这个群岛离南美洲的厄瓜多尔海岸约有 1000 公里。

一只以"贝格尔号"考察船船长罗伯特·菲茨罗伊之名命名的海豚。这只海豚在船只行驶到圣约瑟夫海湾附近时被捕获，达尔文旋即对其尺寸等信息进行了详细的记录（《"贝格尔号"航行考察中的动物学》插图，美国国会图书馆藏）

南极狼（《"贝格尔号"航行考察中的动物学》插图，美国国会图书馆藏）

"贝格尔号"考察船曾带回3只南极狼（又称福克兰狼）的标本，图中描绘的即其中一只。南极狼也许是栖息地最接近地球南端的狼，它们在孤立的福克兰群岛上不断发展，在繁衍最盛时足迹遍布福克兰群岛，尤其在靠近海岸的地方数量最多。然而，由于人类的猎杀、栖息地的减少等因素，1876年，南极狼于西福克兰岛绝种。

加拉帕戈斯群岛上的动物引起了达尔文的极大兴趣。在这些远离大陆的小岛上，达尔文发现了13种不同的地雀。这些地雀初看上去和南美洲大陆上的地雀十分相似，但仔细观察之后却发现它们之间存在不少差异。特别是地雀的喙，大小厚薄不一，差异明显。

达尔文认为这些地雀都源于一个共同的祖先，并推断它们都是从南美洲大陆迁徙而来的。可是岛上的地雀为什么会和南美洲大陆上的地雀产生这些差异呢？年轻的达尔文产生了一个念头：也许有些地雀的喙的变化是先天的，生来就有，并且又将这些先天的特征传给了后代。而且，由于岛上的气候和生活环境与南美洲大陆迥然不同，地雀的习性和形态也就渐渐地随之变化。

不过，这是不是一种偶然的变化？能不能用于解释其他动物的演变？

达尔文联想到大西洋马德拉岛上的昆虫，它们中的多数翅膀退化，以致失去飞行的能力，而少数昆虫的翅膀又特别发达。为什么同一个岛上的昆虫，其差异也这么大呢？

后来，达尔文找到了合理的解释。原来，海岛上风大浪高，会飞的昆虫大部分被风刮到海里淹死了，仅有少数翅膀特别发达和趴在地上不善飞行的昆虫能侥幸存活下来。这样，自然环境渐渐地使会飞的普通昆虫灭种，只剩下翅膀发达特别能飞的和干脆不能飞的昆虫得以幸存。

大量的事例表明：生物必须同它的生存环境作斗争，适应环境者才能生存下来，否则就会遭到淘汰，甚至被灭种。这就是达尔文创立的进化论体系中的“物竞天择”法则。

由此，达尔文得出结论：现代生存的各种生物都是由少数原始生物，经过漫长的遗传、变异和优胜劣汰，从低级到高级，由简单至复杂，不断地进化而成的。所谓的“上帝造物”，只不过是没有科学依据的说教而已！

1859 年，达尔文呕心沥血 20 余年写成的科学巨著《物种起源》终于出版，在全球学术界引起了巨大的震动。但由于时代和历史的局限，《物种起源》面世后曾招致不少非议，被戳到痛处的教会势力甚至叫嚷“打倒达尔文！扑灭邪说！拯救灵魂"。

然而，真理是不可被征服的！随着时间的推移，达尔文的进化论日渐为人们所接受，成为现代生物学中一个最重要的观念，在宗教、哲学、文学、科学等领域引发革命性的巨变。

后来，恩格斯将达尔文物种进化论与细胞学说、能量守恒定律一起誉为19世纪自然科学的"三大发现"。

（沙　莉）

"我宁愿终身与昆虫做伴"

—— 法布尔发现昆虫种种习性的故事

1823 年 12 月 22 日，让·亨利·卡西米尔·法布尔出生于法国南部山区的一个小村庄。村前有一条潺潺流淌的小溪，村后有一片鸟儿啁啾的树林。小法布尔就在这个富有自然气息的小村庄里长大。

与同龄人不同，童年时代的法布尔对大自然中的动物格外入迷。他常常在小溪里抓蝌蚪、逮青蛙、捕小鱼，在草丛中追蜻蜓、捉甲虫、扑蝴蝶。他的两个口袋里常常装着小甲虫之类的动物。"这只虫的嘴是什么样子的？它有几只脚？"他总是一个人静静地观察，静静地寻找答案。然而，由于这一爱好，他没有少挨父母的责骂。

长大后，法布尔的"玩心"并没有因为年龄的增长而消失。相反，随着时间的推移，他对昆虫更为着迷，而且也"玩"得更科学了。他像勤劳的蜜蜂扑在盛开的花朵上一样，在各种有关昆虫学的书籍中贪婪地汲取着营养。

法国博物学家、动物行为学家、昆虫学家、文学家
让·亨利·卡西米尔·法布尔

一次，法布尔在阅读著名昆虫学家迪富尔的著作时，觉得沙蜂捕食吉丁虫的现象很有趣。原来，迪富尔在书中描述道：沙蜂的幼虫以甲虫——吉丁虫为食。色彩鲜艳的吉丁虫在沙蜂巢里经久不腐，也不干瘪或发臭。迪富尔经过观察和研究，认为这是因为沙蜂给吉丁虫注射了一种毒汁。这种毒汁不但杀死了吉丁虫，而且有防腐作用，使它得以"保鲜"。这一生动的描绘，引起了法布尔极大的兴趣，他决定亲眼看看这种现象。

于是，他跑到山坡上，很快就找到了沙蜂的巢穴。他一动不动地蹲在草丛里，观察沙蜂的一举一动。他小心翼翼地发掘沙蜂的地洞穴道，把沙蜂的猎物——吉丁虫从巢穴深处拿出来，把它们装进一只充满苯蒸气的玻璃瓶中。令他惊讶的是，这些原本一动不动的吉丁虫的触角和脚居然都活动了起来！并且，在吉丁虫"沉睡"的一段时间内，它们还能正常排便！这是怎么回事？难道只是这些吉丁虫侥幸没有被杀死？还是迪富尔的结论有错误？

在当时，迪富尔可是昆虫学界最有名望的权威。不过，法布尔只相信事实，他开始怀疑迪富尔结论的正确性。为慎重起见，法布尔又对沙蜂的捕食行为及其猎物——吉丁虫、象鼻虫等进行了许多次长时间的实验与观察。结果证明，被沙蜂用毒针注射毒液后的猎物们并没有被毒死，而是处于一种神经麻痹的状态。

为此，法布尔撰写了一篇论文。这篇论文发表后引起了昆虫学界的关注，人们无不对法布尔细致的观察赞叹不已。

从这件事上，法布尔进一步认识到：从事科学研究必须实事求是，不可盲目地崇拜权威。当然，民间的猜测和传说更不可轻信。

在当时，有人将蜣螂（俗称"屎壳郎"）叫作"神圣甲虫"。这种叫法源于古埃及传说。据说，古埃及人在田间劳动时，看到一种昆虫（即蜣螂）推着一个圆球。富有天文知识的古埃及人联想到：地球是圆球形的，蜣螂做出这样的行为一定是受到天空中星球运转的启迪；它能够具有这么多的天文知识，一定很神圣。于是，古埃及人就把蜣螂叫作"神圣甲虫"。这种说法沿袭了几千年，谁也没有去深入研究蜣螂的这种习性。

法布尔并不相信这种传说，他要解开"蜣螂推圆球"的奥秘。

为了观察蜣螂的行为，法布尔整天趴在地上，有时一连几个小时一动不动。他那专注的神情，经常引起别人的嘲笑。有人说他是"白痴"，也有人说他"神经有毛病"，但他并不予以理会。

经过观察和研究，法布尔解开了"蜣螂推圆球"的奥秘。原来，蜣螂喜欢吃粪球。它的一项重要的日常工作就是把粪便卷成一个圆球，然后把圆球推回家。

法布尔对蜣螂的观察和研究前后持续了约40年。因此，他对蜣螂的生活习性非常了解。在深入观察研究昆虫习性的过程中，法布尔那坚韧不拔的意志、执着追求的精神受到许多学界专家的称赞。达尔文曾称他是"无与伦比的观察家"。

正在伏案工作的法布尔

　　法布尔的这种持之以恒的工作作风源于他对昆虫的兴趣，对科学的热爱。他不为名不为利，在贫困面前不低头。在科学界流传着这么一个故事：

　　一次，拿破仑三世接见法布尔，准备聘请他担任宫廷教师。

　　"你想在宫廷里生活吗？在这里吃得好，穿得好，玩得好。"皇帝微笑着问。

　　"不，陛下，"法布尔不卑不亢地回答，"虽然这里生活优裕，但我家乡的空气要比这儿新鲜得多。"

　　"我想请你来当宫廷教师，"皇帝直截了当地说，"这样，你就可以和高贵的皇族孩子们朝夕相处了。"

　　"谢谢陛下的好意，可我宁愿终身与昆虫做伴。"

　　正是凭着这种"宁愿终身与昆虫做伴"的信念，法布尔才在昆虫研究方面有这么多了不起的发现。

（刘宜学）

开在修道院里的豌豆花

——孟德尔发现遗传规律的故事

1965 年的夏天，世界各国的遗传学家在捷克布尔诺的莫勒温镇的一座教堂里云集，纪念现代遗传学研究奠基人格雷戈尔·约翰·孟德尔的论文《植物杂交实验》公开 100 周年。孟德尔正是在那儿发现了植物遗传的规律，打开了遗传学这座科学宫殿的大门，使后来的研究者顺利跨入遗传学研究领域，解释生物学界各种奇妙的遗传与变异的现象。

各国著名遗传学家们望着教堂后面那块孟德尔曾经耕耘过的园地，抚摸着那张孟德尔曾在上面铺开稿纸、写下光辉著作的桌子，思绪飞到了 100 多年前……

1822 年 7 月，孟德尔出生于奥地利帝国西里西亚海钦道夫村（现属捷克）。这个村庄民风淳朴，村里人都喜欢种花。整个村庄看起来就像一个大花园，因此素有"多瑙河之花"的美称。

6 岁时，孟德尔进入村子里的一所小学读书。在学校附近

奥地利帝国生物学家格雷戈尔·约翰·孟德尔画像（英国维尔康姆博物馆藏）

有一个花园，老师常常带着孟德尔和他的同学们在那儿种植花卉、果树，还养蜜蜂。课余，孟德尔也常常跟父亲到自家的园地里干些农活。每当他走到大自然中，与生物打交道时，他心里就有说不出的高兴。

由于家境贫寒，从小学到大学，孟德尔几乎都是在半饥半饱中度日。但就是在这样艰苦的条件下，他仍取得了优异的学习成绩。

从奥尔米茨大学哲学院毕业后，孟德尔最大的愿望就是找到"一个不必为糊口而没完没了地操心的行业"。他向老师请教选择什么职业好。老师根据他的经济条件，告诉他："你当修道士最合适。"

1843 年 10 月 9 日，孟德尔正式进入了奥古斯丁修道院，成了一名修道士。

这个修道院不只是虔诚教徒的朝拜之地，也是当地的学术中心，追求科学的气氛十分浓厚。修道院的院长是一位大学教授，两位修道士是植物学家。修道院中有专门的植物标本室，钟楼上有一个图书馆，藏书达两万册。孟德尔如鱼得水，潜心在修道院中做起科学研究来。

在修道院的后面，有一个狭长的花园。孟德尔在那儿种植了蓟、南瓜、水杨梅、麻、紫茉莉、菜豆、樱、威灵仙、玉米等植物，还养了蜜蜂、鸟雀、小白鼠、刺猬等动物。他喜欢动植物，渴望解开蕴藏在它们身上的奥秘。

生物界千姿百态的形状、五彩缤纷的颜色是怎么产生的？孟德尔觉得这里面一定有秘密。

1858 年，为了探索这个问题，孟德尔挑选了 22 种性状不同的豌豆，让它们之间杂交，杂交后产生的杂合子再继续两两杂交。他重点观察、记录了杂交后代中 7 个特征的变化情况：成熟种子的形状（圆的或有皱纹的）；了叶的颜色（黄色或绿色）；种皮和花的颜色（白色种皮伴白色花或灰色种皮伴紫红色花）；成熟荚果的形状（拱突形或缢缩形）；未成熟荚果的颜色（绿色或黄色）；花的着生位置（轴生或顶生）；植株高度（高茎或矮茎）。

经过八年的实验，孟德尔记录了 2.8 万多株植物杂交培育的实验结果。他对不同性状在杂交后代中出现的数量进行统计分析，结果发现了有趣的现象：

当两种不同性状的植物杂交时，它们的第一代全部表现其中一个亲本的性状。如将红花豌豆和白花豌豆杂交，它们下一代的花色全部都是红色。杂交的第一代进行自花授粉，产生的第二代将按照一定的比例发生性状分离。如将杂交第一代红花豌豆自花授粉，在杂交第二代的群体中，将有四分之三开红花，四分之一开白花。

不同特征的植株进行杂交时，各个特征在下一代的表现都是相互独立的。如把红花、绿色荚果的植株与白花、黄色荚果的植株杂交，各性状之间互不影响，每一个特征都按以上规律遗传。

孟德尔将这些发现写成了论文《植物杂交实验》。1865年 2 月，孟德尔在布吕恩自然科学研究学会上宣读了这篇论文。与会的 40 多位科学家无不为孟德尔持之以恒的奋斗精神所感动，但对他所列举的一大堆枯燥的数字极不耐烦。孟德尔宣读完毕，只博得了几声轻轻的礼节性的掌声。

次年，他的论文发表在《自然科学研究学会会报》上，仍然没有引起科学界的注意。

一篇遗传学上最伟大的著作，"一把打开遗传学宫殿大门的钥匙"，就这样被束之高阁，埋葬于历史的尘埃之下……

直到 1884 年 1 月，孟德尔逝世时，他的论文仍没有得到人们重视。在当地报纸上发布的讣告里写着："他的逝世，使穷人失去了一位捐赠人，使人类失去了一位品质高尚的人、一位热心的朋友、一位自然科学的促进者、一位模范的神父。"可谁也没有想到，他是后来遗传学的"开山祖"，是一位伟大的遗传学家！

孟德尔逝世后 16 年，即 1900 年，荷兰、德国、奥地利的 3 位科学家通过实验，各自独立地发现了植物的遗传规律。他们像哥伦布发现新大陆一样欣喜若狂，分别写下了论点大致相同的论文。当在发表论文前查阅文献时，他们惊奇地发现了孟德尔的论文。原来，他们分别都在重复 35 年前孟德尔做的实验。

由此，孟德尔的开拓性的工作得到了科学界的认可。一颗拭去厚厚尘埃的珍珠，终于散发出夺目的光芒……

（刘宜学）

"海底有生物吗？"

——汤姆森揭开海底生物之谜的故事

19世纪中叶，人们对于深邃的大海知之甚少，神秘的大海蕴藏着许多奥秘。其中，人们争议不休的一个问题就是：海底是否有生物存在？

英国爱丁堡的生物学家爱德华·福布斯教授对海洋生物颇有研究，他曾以权威专家的口吻宣布：540米以下的海洋中不会有任何生命存在。他的理由是：深于500米的海洋环境中缺乏阳光和氧气，而且可怕的海水压力会把任何生物压得粉碎。

有的科学家提出了不同的观点。美国地理学家瓦里奇认为：即使在最深的海底也存在着生命，并且这些生物是浅水中的生物为适应深水环境进化而来的。

持不同观点的两派科学家唇枪舌剑，互不相让，可谁也说服不了谁。

究竟海底是否有生物存在呢？

英国有一位名叫查尔斯·威维尔·汤姆森的海洋科学家也

英国博物学家和海洋动物学家查尔斯·威维尔·汤姆森画像（英国版画家查尔斯·亨利·吉恩斯1876年绘，英国维尔康姆博物馆藏）

在思考这个问题。根据他的研究，他坚信深海处存在生物，可他并没有轻易地下结论。作为一名严谨的科学家，他认为只有证据才有说服力。

于是，汤姆森向英国皇家学会等机构提出建议：组织一次环球探险，去探索深海中的奥秘。

在他的努力下，有关部门采纳了他的建议，并给了他一艘英国皇家海军的轻型木质蒸汽巡洋船。在对这艘船进行改装后，1872年12月，这艘名为"挑战者号"的海洋调查船载着船长乔治·斯特朗·内尔斯、汤姆森和其他5位专家，以及200多名船员，缓缓地离开英国的希尔内斯港。

调查船"挑战者号"从离港开始，就面临着严峻的考验：刚驶出希尔内斯港，就遇上了强劲的风暴。在汹涌的海面上，"挑战者号"像一片树叶在海面上颠簸摇晃；第一次放下打捞设备准备捕捞时，刚一起网，整个打捞设备就散了架……

出师不利并没有动摇汤姆森的信念和决心。暴风雨来了，他们就做好各种安全防范措施；设备坏了，他们就找出故障并加以修复……

在风风雨雨中，"挑战者号"向前驶去。

一天晚上，船行驶至圣文森特角附近的海域。汤姆森像往常一样，正在整理白天探测得到的数据，忽然听到从甲板上传来喊叫声："大海着火了！"

汤姆森走出船舱，只见海面上闪着红光，像铺了一层红地毯，煞是好看。原来，这样的景象是一种被叫做"海蝴蝶"的翼足目动物在海面游动时形成的。

汤姆森在感叹这一美景的同时，意识到这是获取生物样本的好时机。他们立即行动起来，将打捞设备投入大海。

100米、200米、500米、800米……设备不断下沉，直至触到海底。调查队捕获了大量的深海生物。

至此，汤姆森以无可辩驳的事实证明：550米以下的深海处仍有生物，爱德华的观点是错误的。汤姆森并没有因这一探测结果而满足，而是进一步想到：海底动物怎么能承受住水下压力呢？他要彻底解开深海动物生存之谜。

"难道海底的压力并没有人们想象的那么大？"汤姆森首先想到这个问题。于是，他在一个玻璃管中充入空气，并将玻璃管密封好，在外面包上一层法兰绒，把它放在一个铜管中，然后放入3700米深的水下。当汤姆森把它从海中捞出时，他发现铜管已被压得不成样子，玻璃管则被压成了粉屑。这说明海底压力确实很大。

那么，深海处的鱼为什么不会被巨大的压力压得粉碎呢？汤姆森百思不得其解。为此，他吃不香，睡不着。

一天，汤姆森在无意中看到，从深海里捞上来的鱼的眼睛凸出，鱼骨刺出体外，这与浅水中的鱼类的样貌很不相同。

这里面一定有文章，他决定以此为突破口，进行深入细致的研究。

经过一番探索，汤姆森终于解开了这一奥秘。原来，在深海中，海底动物的器官组织中充满着和海水压强相同的液体，所以动物体内外压力抵消。当人们把鱼从深海处捞出时，外部

奇特的海洋生物

　　1873 年，汤姆森依据"挑战者号"的海洋调查报告撰写的著作《海洋的深度》出版。书中用大量精美的线描图呈现了许多神秘奇特的海洋生物，如形状各异的海绵动物、海星、珊瑚等，令人叹为观止。

　　压力骤然减小，鱼器官组织中液体的强大压力会把鱼眼撑出眼眶，使鱼骨刺出体外。

　　就这样，汤姆森彻底解开了深海是否存在生物的奥秘。

　　1876 年 5 月 21 日，"挑战者号"载誉而归。在英国斯皮特黑德港，成千上万的人欢呼着，迎接伟大的科学家汤姆森胜利返航。

（刘宜学）

与"魔鬼"打交道的人

——科赫发现结核杆菌的故事

在德国，有一所创办于 1891 年的传染病防治研究所。1941 年，这所研究所正式更名为"罗伯特·科赫研究所"。研究所中专门设有"科赫纪念堂"，里面有一尊结核杆菌的发现者——罗伯特·科赫的雕像，还陈列着他生前用过的各种实验设备、消毒器械等。

德国医生、细菌学家、世界病原细菌学奠基人罗伯特·科赫画像（英国维尔康姆博物馆藏）

提起结核杆菌，人们会立刻想到肺结核、肠结核、支气管结核等疾病。今天，这些疾病似乎并不可怕，因为它们并非不治之症。但在 1882 年之前，结核病是人类历史上猖獗一时的"恶魔"，它曾经夺走了无数人的生命，令人谈之色变。正是德国细菌学家科赫发现了结核杆菌，才使征服"恶魔"成为可能。

科赫于 1843 年出生于德国汉诺威州克劳斯塔尔城，父亲是矿场的技术员。科赫从小就很喜欢跟昆虫打交道，经常趴在地上观察它们的活动。父亲发现这个孩子对小昆虫很感兴趣，于是买了个放大镜送给他。

1862 年，19 岁的科赫考入哥廷根大学学医，从此踏上了医学之路。在医学界，法国著名的微生物学家路易斯·巴斯德认为，传染病是由某种微生物引起的。但由于无法通过观察证实，因而巴斯德的说法只能是一种猜测。

巴斯德的设想引起了科赫极大的兴趣。大学毕业后，科赫在多个地方小镇行医，以维持一家人的生活。在 1870—1871 年法国与普鲁士因争夺欧洲大陆霸权爆发的普法战争期间，他还当过战地医生。行医之余，他还一心想为医学研究事业多做贡献。尤其当他没能医治好病人时，他总是感到很苦恼，认为这是医生没有弄清发病原因的结果。因此，离开战场之后，科赫建立了一间小小的医学实验室，配齐了实验用的显微镜、微型切片机、细菌培养器等仪器设备。起初，科赫主要研究藻类，后来他将研究焦点转向病原菌。

1876 年，科赫对炭疽杆菌进行了体外培养，并成功观察到了细菌的生命周期，从此一举成名，在世界医学领域中获得了很高的声誉。1880 年，德国政府任命科赫为柏林皇家卫生局细菌实验室主任，还给他配备了两名助手。从 1881 年开始，科赫利用有利条件，开始了探究肺结核病因的实验。一天，科赫正在实验室中工作。忽然，他的助手匆匆忙忙地跑过来说道："科赫先生，今天又有一个结核病人吐血死了，医生正准备解剖他的尸体。"

科赫一听，立刻放下手中的活，说：

"走！"

科赫和助手来到医院的解剖室，向正在等候他到来的医生点头致意——这已形成一种默契：每当要对结核病人尸体进行解剖时，科赫必定到场。

当解剖结束，科赫准备离开时，他照例带走了一些结核结节。回到实验室，他弄碎了这些结节，把它们涂在玻璃片上，然后放在高倍显微镜下仔细观察。

"真奇怪！还是和以前看到的一样，这涂片上并没有什么异常的微生物！"科赫嘀咕道。

"它会不会和周围的物质有同样的颜色，以致我们无法发现它？"助手谨慎地说道。

"同样的颜色？对了！我们可以用染色法试试看。"科赫兴奋地说。他们立即动手准备各种颜色的化学染料，并且制成许多结节涂片，利用不同颜色的染料对涂片进行分组染色实验。

科赫耐心细致地逐片观察。忽然，他在显微镜中发现了颗粒状的亮点，这些亮点的分布规律不同，有的呈单个分散状，有的则呈现出一定的排列秩序。

难道这就是结核病的病原体？科赫抑制住满心的欢喜，他还需要对此进行进一步验证。随后，他和助手找来柏林市内所有能找到的各种结核结节，不论是人类的还是动物的。然后，他再用染色法制成不同的涂片进行观察。

大量的观察结果显示，这些颗粒状的亮点果然都是同一种结核杆菌。科赫为这一重大发现欣喜异常。他马不停蹄地继续进行深入研究，16天后，他终于用血清培养基实现了对结核杆菌的纯培养。他把培养出的病菌接种到动物身上，动物也染上了结核病。

科赫与德国细菌学家、医生理查德·弗里德里希·约翰内斯·菲弗正在研究 1896 年在孟买爆发的流行性淋巴腺鼠疫（黑死病）细菌（照片选自 1897 年《1896—1897 年孟买鼠疫》影像集，弗朗西斯·本杰明·斯图尔特编，英国维尔康姆博物馆藏）

至此，科赫终于成功地用无可辩驳的实验结果证实了结核杆菌是结核病的病原菌。

1882 年，科赫在柏林生理学会举办的会议上做了主题为"关于结核病"的学术报告，公布了自己关于结核杆菌的研究成果。结核杆菌的发现，为人们研究结核病药物和治疗方法提供了科学的依据，为人类征服结核病这个"恶魔"奠定了坚实的基础。次年，科赫又发现、分离并培养了霍乱病菌。这些伟大的发现催生了一门崭新的学科——病原细菌学，科赫当之无愧地成为这门学科的创立者之一。

1905 年，科赫以他在细菌学和病理学方面的卓越贡献而获得诺贝尔生理学或医学奖。

（沙　莉）

"生理学的无冕之王"

——巴甫洛夫发现高级神经活动规律的故事

婴儿呱呱坠地后，就会依偎在妈妈的怀里吸吮奶汁。这并不是一种只属于人类的独特行为，而是所有哺乳动物的本能。而从婴儿牙牙学语开始，人类就表现出与动物在行为本质上的区别。这种区别表现为语言的学习和使用。

现在我们知道，语言被生理学家们称作"第二信号"。由语言引起的活动，被称为"第二信号系统活动"，是人类所特有的一种高级神经活动。动物仅具有"第一信号系统活动"，也就是由现实的具体刺激引起的条件反射，人类则兼具第一和第二信号系统这两种形式的神经活动。

是谁最先发现高级神经活动的规律的呢？

他就是被人们誉为"生理学无冕之王"的伊凡·彼德罗维奇·巴甫洛夫。这位著名的俄国生理学家兼心理学家有句名言："要做科学的苦工！"因此，人们又充满敬意地称他为"科学的苦工"。

俄国著名生理学家、心理学家，"科学的苦工"伊凡·彼德罗维奇·巴甫洛夫像（拉菲耶特公司制作，英国维尔康姆博物馆藏）

这位"科学苦工"的一生，的确是充满艰辛和坎坷的一生，但同时又是辉煌的一生。

1849 年 9 月 26 日，巴甫洛夫生于俄国莫斯科东南部梁赞城的一座小木屋里。他的祖辈是穷苦的农民，父亲是一位平凡的乡村牧师。从小时候开始，巴甫洛夫就表现出了坚韧不拔的执着精神。

有一次，他和弟弟德米特里一起挖土坑，准备种苹果树。一阵挥汗如雨的劳动之后，坑挖好了，不料父亲一看，摇摇头说："你们挖错地方了。这里太阳照射不到，根本不适合种苹果。"

"啊？"德米特里一听，就像一只泄了气的皮球一样，准备放下铁锹不干了。

但是，巴甫洛夫却拉着弟弟，在父亲指定的地方重新挖起了坑，与弟弟一起种下苹果树苗。

正是凭着这种不轻言放弃的精神，巴甫洛夫后来成为一位生理学家，致力于研究生物的生理及心理活动。

当时，随着科技突飞猛进的发展，人类对自己身体各个部分的构造已经相当清楚。不过，统一指挥协调躯体各部位运动的"司令部"——大脑，其运作机制仍是一个谜，困扰着生理学家。人们急于知道大脑的工作原理，了解高级神经活动的规律，却苦于无从观察而进展甚微。

正是巴甫洛夫，在人类历史上开启了一扇观察高级神经活动的窗口，给人类了解神经信号作用机制提供了契机。

在巴甫洛夫之前，生理学家们普遍采用一种"急性实验"的办法，即在器官停止正常状态下的工作时立即对器官进行实验。比如，将一条狗麻醉后立即解剖，并取出其内脏做实验。巴甫洛夫反对这种做法。为了获取更准确的结果，他主张进行一种"慢性实验"，即在进行实验的时候，不让实验对象如内脏等离开生物肌体，也不对肌体进行麻醉，以便观察器官活动的规律。

但是如何才能透过体表，观察内脏器官的真实活动呢？

一个偶然的事件让巴甫洛夫大受启发。据说，有一个猎人枪支走火，子弹射进了自己的腹部。医生救了猎人一命，但因枪击伤口长期不能愈合，只好用消毒纱布盖着猎人腹部。伤口处留下了一个通向胃部的小洞，这在医学上被称作瘘管。透过这个瘘管，医生可以清楚地观察到猎人胃部的活动情况。

既然如此，为什么不通过瘘管来观察动物的器官活动呢？顺着这条思路，巴甫洛夫开始了生理学发展史上最有意义的实验。

首先，他找来一只饿了一天的狗，将狗的胃部切开，做了一个通向体外的胃瘘管。接着，又在狗的脖子上开一个口子，将食管切断，然后把两个断头都接到体外。他在这只狗的面前放上满满一盘食物。实验开始了。饥饿的狗像往常那样狼吞虎咽起来，可是这次咽下去的食物在半路上从食管切口处掉了出来，又落回到摆在狗面前的食盘里。狗不停地吞着，可胃里却始终空空如也。

这时，一个特殊的现象发生了，虽然食物没有进入这只带瘘管的狗的胃里，但是狗在进食一段时间后，它的胃就开始分泌胃液。由于胃里没有杂物，透明纯净的胃液就顺着瘘管一滴一滴流入预先备好的试管中。

这个被称作"假饲"的实验的结果显示：虽然食物没有进入胃里，但进食行为持续一段时间后，胃就开始分泌胃液。这说明胃液的分泌行为是依据大脑通过神经所下达的命令进行的，而不是食物直接刺激胃部的结果。

揭开表象的面纱，巴甫洛夫终于触摸到了真理的一角：原来，大脑是指挥全身各器官协调工作的"司令部"，它控制、支配着胃的消化活动。于是，巴甫洛夫将目光瞄准了下一个目标：研究大脑的活动规律，揭开大脑这一人体"司令部"的真面目。

为了更加方便地观察研究狗的神经活动，巴甫洛夫在狗的面颊上切开一个小口，用导管将唾液腺分泌出的唾液引到体外挂在面颊上的漏斗中，再通过漏斗将唾液导流到实验用的量杯里。

和许多伟大的科学发现一样，巴甫洛夫的条件反射理论也是他在偶然间发现的。巴甫洛夫预测，狗在看到面前的食物时才会分泌唾液。但他却意外地观察到，在进行多次实验后，狗只要一听到负责投放食物的饲养助理的脚步声就开始分泌唾液。

看来，经过多次食物投放之后，狗会将饲养员的脚步声与食物联系在一起。为了进一步验证自己的发现，另一个更富于科学创新意味的实验开始了。

在给狗喂食之前，巴甫洛夫先敲响铃铛。因为铃声与食物没有任何联系，对第一次铃声，狗根本没有理会，也没有分泌唾液。铃响后立即给狗喂食，狗的唾液就流了出来。

后来，在相当长的一段时间里，巴甫洛夫给狗喂食时，总会先敲响铃铛。经过多次重复之后，一个奇特的现象出现了：只要铃声一响，即使不喂食物，狗也会分泌唾液。由此可见，对狗的大脑来说，铃声已经和食物一起成为刺激信号，因此狗一听见铃声，就做出准备消化食物的生理反应，分泌唾液。

巴甫洛夫将他发现的这种现象称作"条件反射"。

后来的实验证明，动物的条件反射只是一种暂时性的现象。因为对于一条在实验室里对铃声与食物建立了暂时性联系的狗来说，如果只有铃

巴甫洛夫（前排右侧）与丹麦物理学家、玻尔模型创立者、1922 年诺贝尔物理学奖获得者尼尔斯·亨利克·戴维·玻尔（前排中间）及玻尔夫人（前排左首）（英国维尔康姆博物馆藏）

声而不喂食的次数逐渐增多，那么即使听到铃声，狗也会一次比一次减少唾液的分泌，直到完全不分泌唾液。也就是说，暂时建立起来的条件反射会因为条件的消失而逐渐消失。

巴甫洛夫通过他所独创的实验方法建构了条件反射理论，成为高级神经活动生理学的奠基人。这是人类历史上第一次对高级神经活动做出如此准确客观的描述，开启了探索高级神经活动的一扇窗口，为研究人类大脑皮层的一系列复杂的高级神经活动开辟了道路。

1904 年，巴甫洛夫因在消化生理学方面取得的开拓性成就获得了诺贝尔生理学或医学奖，成为俄国第一个获得诺贝尔奖的科学家。

（沙　莉）

奇怪的凝集反应

——兰德斯坦纳发现血型的故事

1818 年，英国妇产科医生布伦德尔在一次治疗病人产后大出血时，成功进行了世界上首例人体输血的尝试。此后，输血术被不断改进，越来越广泛地应用于临床实践。部分大出血病人在接受了健康人的血液之后，逐渐恢复了健康。

可是，在大量的输血实践中，也曾不断出现一些令医生头痛的问题。有的病人在输血之后，会无缘无故地出现畏冷发热、头疼胸闷、呼吸急促和心力衰竭等临床症状，有些病人甚至因此死亡。

起初，有人认为这也许是输入的血液在接受者体内发生凝固造成的。后来，人们发现了一种能够防止血液凝固的物质，有效地解决了输入血液的凝固问题。但是，上述危险的情形仍然时有发生。于是又有人猜测，这可能是输入的血液中混有细菌导致的。但是当人们采用无菌操作进行输血，基本杜绝了细菌感染之后，这种致命的输血反应仍然不时出现。

美籍奥地利裔免疫学家和病理学家
卡尔·兰德斯坦纳

这究竟是什么原因？

陷入窘境的医生们忧心忡忡，同时不遗余力地展开各种各样的探索。然而，就像黑夜中的行人摸索脚下的道路一样，医学界需要一盏指路明灯——科学的实验方法。直到20世纪，这盏明灯出现了：美籍奥地利裔免疫学家和病理学家卡尔·兰德斯坦纳发现三种人类血型，为人类安全输血提供了指导。

1868年，兰德斯坦纳出生于奥地利的维也纳城。在大学求学期间，他主修医学和化学，1891年他被维也纳大学授予医学博士学位。随后，兰德斯坦纳师从欧洲多位著名化学家继续学习有机化学。1897年，年近三十岁的他将学术兴趣聚焦在新兴的免疫学领域，主要研究输血反应，试图发掘其中的奥秘。

首先，兰德斯坦纳排除了种族、性别、血缘差异引起输血反应的猜测。因为即使种族、性别不同，且没有任何血缘关系的人之间输血，有时也可相安无事；而具有亲属关系且相同性别的人，例如父子、兄弟或姐妹之间输血，有时也会有致人死亡的情况发生。

接着，兰德斯坦纳仔细检查和分析了因发生输血反应而死亡的病人所表现出的种种病理变化。他大胆地推测：这种病理改变是输入的血液和身体里的血液混合所造成的。不过，怎样才能观察到血液混合后出现的变化呢？

"实践出真知。"只有科学的实践才能孕育出科学的理论。

1900年，兰德斯坦纳为了观察不同人的血液混合以后所发生的变化，他从自己和实验室里 5 位同事的静脉里各抽出几毫升血，又将每个人的血液分离出淡黄色半透明的血清和鲜红色的红细胞两部分。

　　然后，兰德斯坦纳将它们分别注入 12 只试管，试管上标上每个人的名字。紧接着，他在一个白色的大瓷盆里分别滴下 6 滴来自同一个人的血清。6 滴血清整齐地排列开，呈现出匀净的淡黄色。

　　兰德斯坦纳再把从每个人的血液里分离出来的红细胞，分别滴在瓷盆里的每一滴血清上。

　　刹那间，让兰德斯坦纳终身难忘的奇怪现象出现了！

　　在同一个人的血清里滴入不同人的红细胞，产生了两种截然不同的结果：有的血清里滴入红细胞后，两者逐渐融合呈现出均匀一致的淡红色；而另一些血清里滴入的红细胞，却在淡黄色的血清里凝集成絮团状，与血清形成了鲜明的对比。

　　为了得到更为科学准确的结果，兰德斯坦纳又把另外 5 个人的血清逐次滴在瓷盆里，再把 6 个人的红细胞分别滴入。结果更加明显，每个人的血清都不和自己的红细胞发生凝集，有些人的血清和所有人的红细胞都不发生凝集，而有些人的血清仅和部分人的红细胞凝集。

　　突然间，一个念头闯入兰德斯坦纳的脑海：这种红细胞与血清的凝集反应，不正是输血反应的根源吗？不同来源的血液间是否出现凝集反应，不就预示着不同的血液类型吗？

　　血型？对！

　　血型的秘密终于被发现了。兰德斯坦纳从实验结果中梳理出不同人之间血清和红细胞出现凝集反应的内在规律：每个人的血清和自己的红细胞相遇，都不会发生凝集；而不同人的

1930 年，兰德斯坦纳因在血型方面的伟大发现获得了诺贝尔生理学或医学奖

红细胞和不同人的血清相混，则可以出现凝集或不凝集两种截然不同的结果。

1901 年，兰德斯坦纳在实验的基础上公开发表了自己的发现：人类的血型分为 A、B、O 三种。次年，他的两名学生发现了第四种血型——AB 型。1927 年，兰德斯坦纳和美国免疫学家菲利普·列文一起发现了每一种血型中都含有 M、N、P 因子。兰德斯坦纳发现，不同血型的红细胞和血清之间产生的凝集反应，就是致人死亡的原因。相同血型的血液之间不会发生凝集，所以同血型的人之间输血不会导致致命的输血反应。在缺少同血型血液的情况下，O 型血可以给其他血型的人缓慢、少量地输血；AB 型血的人可以缓慢输入少量 A 型、B 型、O 型血。因此，O 型血的人被称作"万能输血者"，AB 型血的人则被称为"万能受血者"。1940 年，兰德斯坦纳和威纳又共同发现 Rh 血型系统。Rh 阴性血尤其是 Rh 阴性 AB 型血在人群中极为罕见，因此被称为"熊猫血"。后来，兰德斯坦纳又提出：在输血前应预先测定病人和输血者的血型，以此来避免输血反应事故的发生。

兰德斯坦纳关于人类血型的发现，为人与人之间的输血打开了安全的通道，是人类对人体血液认识的一大飞跃。他在血型方面的伟大发现使安全输血成为常规医疗操作，因此，1930 年，兰德斯坦纳当之无愧地获得了诺贝尔生理学或医学奖。

（沙　莉）

摩尔根的"宠物"

——摩尔根创立基因学说的故事

　　1866年，孟德尔在《自然科学研究学会会报》上发表了在遗传学上具有划时代意义的论文——《植物杂交实验》。就在这一年，托马斯·亨特·摩尔根在美国肯塔基州列克星敦出生了。

　　他的家族可谓名门望族：父亲是一名外交官，叔叔是一位颇有名气的将军，家庭生活十分优裕。可小摩尔根并没有染上贵族子弟游手好闲的恶习，青少年时代的他就对大自然情有独钟：山上郁郁葱葱的树木花草、活蹦乱跳的野兔山羊，常常使他流连忘返。他常利用课余时间或假期上山采集植物、捕猎动物，将它们制成标本。他还搜集了大量的化石。丰富多彩的生物世界奥妙无穷，小摩尔根暗下决心，立志将来要做生物学家。

　　后来，摩尔根如愿以偿地攻读了生物学博士。学业完成后，他继续专心从事生物学的研究工作。

　　1900年，科学界发生了一个重大事件：处在不同国度的

美国生物学家、遗传学之父托马斯·亨特·摩尔根

三位科学家各自独立地发现了植物遗传的规律。这三位科学家在查阅文献时，惊奇地发现了奥地利生物学家孟德尔那篇尘封已久的论文。惊叹之余，他们把各自的工作说成是对孟德尔理论的证实，公允地指出：孟德尔是遗传规律的发现者。这使孟德尔声名鹊起，他的遗传理论也像一股旋风，席卷了当时的生物学界。

孟德尔的遗传规律理论指出，遗传和变异是由遗传因子决定的。那么遗传因子是什么呢？

在这之前，生物学家已经发现细胞内有一种叫染色体的物质，每种动植物的细胞内都有特定数目的染色体。在细胞分裂之前，染色体数目先增加一倍，这样分裂后的细胞的染色体数目与原来相同。生物学家们想到：染色体是不是与遗传因子有什么关系呢？可谁也没有确凿的证据。

此时，身为哥伦比亚大学生物学教授的摩尔根，自然也感受到了孟德尔遗传规律在科学界的巨大影响力，但他对这一理论抱怀疑的态度。他决心要弄清遗传因子的来龙去脉。

1908 年，摩尔根在他的实验室里养了成千上万只果蝇作为研究遗传和变异的实验材料。他发现，以果蝇为实验对象具有许多优点：它体积小，便于研究；饲养方便，成本很低；性状明显，容易观察；繁殖速度快，是牛羊等一般动物无法比拟的。

　　从这以后，摩尔根和他的助手天天饲喂、观察果蝇。

　　1910 年的一天，摩尔根偶然发现一个培养瓶里的许多红眼果蝇中有一只白眼雄果蝇，这引起了他极大的兴趣。他让白眼雄蝇与红眼雌蝇交配，结果产生的第一代全是红眼果蝇。可是，当他再让第一代果蝇相互交配时，产生的第二代中既有红眼果蝇，也有白眼果蝇。红眼果蝇与白眼果蝇的个体数目比例接近 3∶1，与孟德尔遗传理论的结论相同。这个事实使他对孟德尔的理论刮目相看。

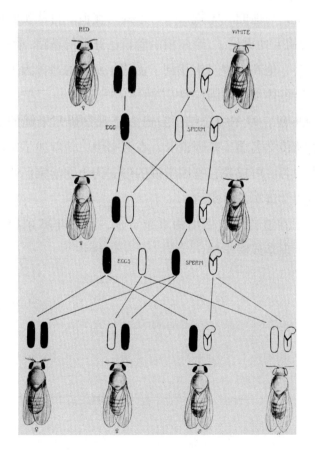

《孟德尔遗传学机理》中摩尔根用果蝇实验证实了孟德尔的遗传理论

经过进一步的深入研究，摩尔根证实了孟德尔的理论是正确的，而且孟德尔所说的遗传因子就在染色体上。1915年，他撰写了《孟德尔遗传学机理》一书。在书的前言中，他写道："既然染色体提供了孟德尔定律所要求的那样一种确切的机理，日益增多的资料清楚地指明染色体是遗传因子的携带者，在那样一种明晰的关系面前闭上眼睛，那将是愚蠢的。"摩尔根这种实事求是的科学作风，一时成了科学界的美谈。

摩尔根曾诙谐地称自己是一头"实验动物"。他整天待在实验室里，与他的"宠物"——果蝇打交道。自从实验取得进展后，他的干劲更足了。摩尔根沿着自己开辟的道路，乘胜前进。

最终，他在果蝇身上找到了孟德尔所说的遗传因子，这就是位于染色体上的基因。

1926年，摩尔根总结了自己多年观察研究果蝇的成果，写出了遗传学名著《基因论》。在该书中，他叙述了基因学说的基本内容。可以说，基因学说的创立为生物学家们吹响了向分子遗传学进军的号角。

由于在遗传学上做出的卓越贡献，1933年摩尔根获得了诺贝尔生理学或医学奖。

（刘宜学）

寻找脚气病的病因

——艾克曼发现维生素 B_1 的故事

在100多年前，脚气病是一种可怕的顽疾。得了这种病的人全身水肿，肌肉疼痛，四肢无力，吃不下，睡不着，走路艰难，当时的医生对脚气病根本没有什么办法。

在当时，日本海军中的脚气病患者很多。1882年，一艘日本军舰从东京驶向新西兰，在为期约272天的海上航行中，就有169人患了脚气病，其中25人不治身亡。为此，日本军医高木兼宽着手进行调查，他发现脚气病的发生与船员大量进食精白米，而蛋白质摄入量极低有关。1884年，又有一艘军舰沿这一条线路航行。高木兼宽改变了军舰上船员的食谱，在他们的饮食中增加了面粉、牛乳和蔬菜等。结果在为期287天的航行中，只有14名船员罹患脚气病，没有人因此死亡，由此，高木兼宽找到了一个有效预防脚气病的办法。但是，他并没有进一步研究脚气病的产生原因。因此，脚气病的病因仍是当时医学界的一个未解之谜。

荷兰生理学家、近代营养学先驱克里斯蒂安·艾克曼

几乎在高木兼宽开始研究脚气病的同时，荷兰一位名叫克里斯蒂安·艾克曼的军医也加入了研究脚气病的队伍。

那时，在荷兰殖民统治下的爪哇岛上时常爆发大规模的脚气病，每年死于脚气病的人多达数万人。为此，荷兰政府在1886年成立了一个专门研究脚气病的委员会。28岁的艾克曼自告奋勇，加入了这个委员会。

委员会经过两年的调查研究，取得了一定的成果，确认了脚气病是一种多发性的神经炎。他们从脚气病病人血液中分离出一种球菌，指出它是引起这种多发性神经炎的元凶。之后，委员会绝大多数人就"班师"回国了。可是，艾克曼总觉得还没有彻底弄清楚脚气病，比如，它会不会传染？要如何防治？于是，艾克曼决定独自留在巴达维亚（现在的雅加达），准备把这些问题弄个水落石出。

1890年，艾克曼发现了一个有趣的现象：实验室饲养的鸡群中突然爆发了一种疾病，许多小鸡染病后精神委顿，步态不稳，严重的甚至因此死去。通过病理解剖，艾克曼确认这些死去的鸡也得了脚气病。可是，当实验室换了一个喂鸡的雇员后，病鸡就慢慢地恢复了健康，鸡的脚气病不治而愈了。

"这是什么原因呢？如果脚气病是由病菌引起的，为什么没有随着病菌的传播进一步传染呢？"艾克曼陷入了沉思之中。

为了弄清脚气病是否具有传染性，艾克曼把从病鸡胃中取得的食物喂给正常的鸡吃。照理说，如果脚气病的病原体是传染性细菌的话，那么被喂的鸡一定也会感染脚气病，可实验结果并非如此。显然，脚气病的病原体是传染性细菌的说法站不住脚。

那又是什么原因引起脚气病的呢？艾克曼百思不得其解。

有一天，他偶然经过实验室附近的一个军医院的病房，听见几个"老病号"在那儿闲聊：

"那个实验室喂鸡的雇员好久没来了。"

"是啊！剩下的白花花的精米饭倒掉真可惜。"

"喂鸡？"艾克曼一下子警觉起来，他连忙上前打听这件事的始末。"老病号"们告诉艾克曼，以前那个雇员每天都要到医院来拣剩下的精米饭回去喂鸡。艾克曼想，这也许与鸡患上脚气病有关——他不想放过任何一条与实验室里的鸡有关的线索。

艾克曼找到原来的那个雇员，询问他原来喂鸡的食物是什么。那个雇员以为自己克扣实验室里的鸡粮，用医院剩下的精白米饭喂鸡的事已暴露，只好低头承认。

接着，艾克曼又找到新雇员询问饲料来源，憨厚的新雇员告诉他："我都是用实验室里发的饲料喂鸡。"

"莫非鸡的脚气病与饲料有关？"艾克曼想起了几年前关于日本军医高木兼宽预防脚气病的报道，决定就这一问题进行深入研究。由于实验室分发的鸡饲料成分主要是糙米，因此，他将小鸡分成两组，一组只饲喂精白米饭，另一组只饲喂糙米。结果三四周后，前者得了脚气病，后者却安然无恙。于是，他用糙米饲喂患有脚气病的小鸡，结果过了一段时间，患病的小鸡就恢复了健康。

他又去了许多所监狱，询问那里的囚犯的饮食和脚气病的患病情况。调查结果表明，每1万名吃糙米的囚犯中大约有1名脚气病患者。于是，他让患有脚气病的人吃糙米、喝米糠水，结果病人很快就康复了。

经过这一番研究，艾克曼断定糙米里含有一种可以防治脚气病的物质。

那么，这种物质究竟是什么呢？

艾克曼开始着手对这种特殊物质进行纯化和提取，但均以失败告终。

1911年，波兰生物化学家卡西米尔·芬克在艾克曼等人实验的基础上，采取了一种独特的提纯方法，成功从米糠中提取到一种晶体物质。这种物质含有氮元素，呈碱性，属于胺类物质。因此，芬克把它称为"生命胺"。这就是艾克曼所说的可以防治脚气病的物质，现在我们称它为维生素 B_1。

艾克曼最先发现脚气病的致病原因，为维生素 B_1 的研究奠定了基础，他因此获得了1929年度诺贝尔生理学或医学奖。

（刘宜学）

"世界上最好的特效药"

——弗莱明等人发现青霉素的故事

亚历山大·弗莱明于 1881 年在苏格兰艾尔郡基尔马诺克小镇附近的洛克菲尔德出生。那儿气候潮湿，工业污染严重，肺炎、支气管炎、猩红热等疾病在工业区蔓延。少年弗莱明亲眼目睹了家乡的人民受尽了疾病的折磨，立志长大要做一名救民于沉疴之中的良医。

中学毕业后，弗莱明如愿以偿地考上了伦敦大学圣玛利医学院。在学校，他系统地学习了免疫学的各门功课，取得了优异成绩。毕业后，他留校从事免疫学方面的研究工作。

1922 年，弗莱明发现了一种叫溶菌酶的物质。它是人体自身免疫系统进行调节时产生的一种特殊物质，对人体无害，能够消灭某些细菌，但对特别有害的细菌没有什么作用。溶菌酶的发现为弗莱明以后的研究工作奠定了基础。

在当时，葡萄球菌是一种分布最广、对人类健康威胁最大的病原菌，人受伤后伤口化脓就是因为它在作怪。可当时，人

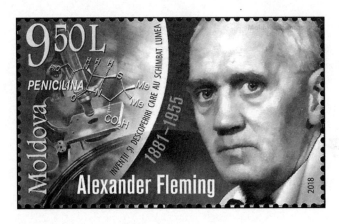

摩尔多瓦共和国邮票上的英国细菌学家、生物化学家、微生物学家亚历山大·弗莱明

们对它没有什么好的处理办法。

在很长一段时间里，弗莱明都致力于对葡萄球菌的研究。在他的实验室中有几十个细菌培养皿，里面都培养着葡萄球菌。弗莱明将各种药物分别加入培养皿中，以期筛选出对葡萄球菌有抑制作用的药物。可是，每种药物都不是葡萄球菌的对手，实验一次次失败了。

1928 年的一天，弗莱明与往常一样，一到实验室便查看培养皿里的葡萄球菌的生长情况。他发现在一只培养皿里长出了一团青绿色的霉菌。显然，这是某种天然霉菌不小心落进培养皿里造成的。这使他感到懊丧，因为这意味着培养皿里的培养基没有用了。弗莱明正想把这些被感染的培养基倒掉时，发现青霉周围呈现出一片清澈。凭着多年从事细菌研究的经验，弗莱明立刻意识到，这是葡萄球菌被杀死的迹象。

为了证实自己的判断，弗莱明用吸管从培养皿中吸取一滴溶液，涂在干净的玻璃片上，然后放在高倍显微镜下观察。结果，他在显微镜下竟然没有看到一个葡萄球菌！这让弗莱明兴奋不已。

这团青绿色的霉菌到底是哪一路"英雄"呢？

弗莱明将青霉菌接种到其他培养皿里继续培养。他用线分别蘸上溶有伤寒杆菌和大肠杆菌的溶液，再分别放入青霉菌的培养基。结果这几种病菌生长得很好，这说明青霉菌没有抑制这几种病菌生长的作用。他又将带有葡萄球菌、白喉杆菌和炭疽杆菌的线分别放入青霉菌培养基，这些细菌则全部被杀死。他再将溶有青霉菌的培养液进行稀释，稀释后的溶液仍有良好的杀菌效果。

由此，弗莱明断定青霉菌会分泌一种杀死葡萄球菌的物质。于是，他又将青霉菌培养液注射进老鼠体内，老鼠安然无恙，这说明青霉菌的分泌物本身没有毒性。

弗莱明高兴得差点跳起来。青霉菌分泌物对葡萄球菌的灭杀效果好，而且没有毒性，这不正是自己梦寐以求的杀菌药物吗？他想应该可以在人身上试一试了。

人体试验的结果正如弗莱明所预料，青霉菌分泌物确有奇效，且对人体没有副作用。不久，他将这一发现写成论文，于1929年6月发表在英国《实验病理学》杂志上。文中，他将青霉菌分泌物称为"青霉素"。

令人遗憾的是，弗莱明的这篇论文在当时并没有得到学术界的关注。他本人由于不具备提取青霉素的条件，也只好停止这项研究。

刚刚被发现的青霉素，还未在生物医药领域大显身手就被打入了冷宫。

1939年，第二次世界大战爆发，欧亚大陆上硝烟弥漫，大量伤病员的集中治疗需要使用比磺胺药更有效的药物。此时，英国病理学家霍华德·华特·弗

正在工作中的弗莱明（英国维尔康姆博物馆藏）

洛里和生物化学家恩斯特·伯利斯·钱恩展开了寻找特效灭菌物质的深入探索。他们在查阅文献时发现了弗莱明的这篇论文，遂决心将弗莱明的研究继续下去。

经过一年多时间的努力，弗洛里和钱恩终于制得了相当纯净的青霉素结晶。他们用几十种病原菌在试管中和动物身上进行了青霉素灭菌实验，结果再次充分肯定了青霉素对葡萄球菌等几种病原菌有巨大杀伤力的结论。这在科学史上被称为青霉素的第二次发现。1941 年 2 月 12 日，弗洛里将青霉素试用在一个患败血症而濒于死亡的病人身上。在连续 5 天注射青霉素后，病人的病情大大好转。可遗憾的是，到了第六天，由于青霉素全部用完，弗洛里眼睁睁地看着这位病人因病情再度恶化而死去。

看来，青霉素要得到大范围的临床应用，必须改善提纯方法。要知道，那时从 100 千克的青霉菌培养液中所提取到的青霉素，只够一个病人一天的治疗用量。

后来，弗洛里和钱恩发现，生长在烂甜瓜表面的霉菌、加入乳糖和玉米的青霉菌培养基中的霉菌质量高，从中提取的青霉素量比过去提高了好几倍。于是，青霉素实现了大批量生产，成为一种价格便宜的特效药物。

在第二次世界大战期间以及此后，青霉素不知挽救了多少人的生命。因此，它被誉为第二次世界大战时期的"三大发明"之一。为此，弗莱明、弗洛里、钱恩一同获得 1945 年诺贝尔生理学或医学奖。

（刘宜学）

土里淘菌

——瓦克斯曼发现链霉素的故事

在人类历史上，结核病曾肆虐了几千年！

在非洲埃及，医学专家发现了一具非常古老的木乃伊。经过缜密分析后，专家们在他的骨骼上发现了结核病侵袭的痕迹！1973年，我国考古工作者在湖南长沙马王堆发掘了一座西汉古墓，墓内完整地保存着一具没有腐烂的女尸。医学专家对这具女尸进行了X光照射，在她的肺部组织中发现了结核钙化斑。

即使在70多年前，结核病仍像现在的癌症一样是一种绝症，几乎没有什么药能起治疗作用，它给人类带来了空前的灾难。链霉素的问世，结束了结核病肆虐的历史，使人类摆脱了结核病魔的纠缠。人们将永远铭记链霉素发现者的名字——塞尔曼·亚伯拉罕·瓦克斯曼。

瓦克斯曼于1888年出生于俄国统治时期乌克兰的普里卢基的一个农村家庭。他喜欢土壤，常常将泥土抟成泥球，或者

美国著名微生物学家塞尔曼·亚伯拉罕·瓦克斯曼（英国维尔康姆博物馆藏）

捏成各种形状，也常常翻开田里的泥土，寻找各种小动物……总之，他从小就与土壤结下了不解之缘。22 岁那年，他随家人移居美国，并进入罗格斯大学攻读农学专业。30 岁那年，他考入加利福尼亚大学，专攻生物化学。获得博士学位后，瓦克斯曼回到罗格斯大学，从事土壤微生物学的研究与教学工作。

1924 年，瓦克斯曼所在的研究所接受了美国结核病协会提出的科研课题：寻找进入土壤的结核杆菌。他带着一个学生，经过 3 年的追踪研究，确认结核杆菌在进入土壤后很快就会消失。这说明，土壤中存在着至少一种可杀死结核杆菌的微生物。瓦克斯曼暗下决心：一定要找到这种微生物。

然而，这绝不是一件容易的事！要知道，土壤里有各种各样的细菌微生物，其种类有数万种之多。要在其中找到一种只对结核杆菌发生作用的细菌微生物，无异于大海捞针。

只要功夫深，铁杵磨成针。瓦克斯曼下定决心，无论花费多大的代价也要找到这种细菌。此后，他天天泡在实验室里。他将土壤中的每种细菌分离出来，再按它们的生长特性在不同的培养基里进行单独培养，取得它们的分泌物后分别在结核杆菌等病原菌中做杀菌效能检查。他像查户口一样，对土壤中的"居民"挨家挨户地进行筛查。

1939年，瓦克斯曼及其团队鉴定的细菌种数超过500种；1940年，鉴定的细菌种数超过2000种，1941年则达5000种。他们仍步履不停，夜以继日地进行筛查鉴定工作。

到了1942年，他们鉴定的细菌种数就多达8000种。其间，瓦克斯曼发现了一种链丝菌素，能够杀死结核杆菌，但它由于毒性太大，因此被淘汰了。

1943年，瓦克斯曼等人鉴定的细菌种数已达1万种。功夫不负有心人，就在这一年，瓦克斯曼发现一种灰色放线菌，它对结核菌有很强的抑制作用，且毒性极低。于是，瓦克斯曼将这种灰色放线菌的提取物应用于临床，取得了令人相当满意的效果。

1944年，瓦克斯曼正式向外界公布了他的研究成果，并把放线菌的分泌物称为链霉素。他希望医学界的专家对链霉素的临床应用做进一步研究，以期获取最佳的使用方法。

瓦克斯曼发现治疗结核病的特效药的消息传开了。世界各地的人民欢欣鼓舞，表达敬意的贺信雪片似的涌向瓦克斯曼的办公室。各地的医学研究机构纷纷邀请他做学术报告。

人们给予了瓦克斯曼极大的荣誉，但他并没有被成功冲昏头脑，仍保持着严谨、朴实的学风。对链霉素的杀菌作用、研究进展等情况，他绝不做一点夸大的介绍。据说，有一次，瓦克斯曼在瑞典访问时，对一位医学教授提出的关于链霉素的疗效问题，他做了这样的回答：

我对结核病实在一点也不懂，这个问题还是你们搞医学研究的有专门了解。至于链霉素是否能够治疗结核病，还需要继续进行实验总结，我只是从试管中知道链霉素能够杀死结核杆菌而已。菲德曼博士和辛肖博士在动物实验中发现链霉素对结核杆菌有效，至于对人类的结核病是否绝对有效，还应做进一步探讨。如果您有兴趣的话，我愿将链霉素奉送给您做临床试验，以帮助我们进一步总结相关经验。

瓦克斯曼在实验室中（罗杰·希金斯摄，美国国会图书馆藏）

　　后来，这位教授将自己的临床应用结果向瓦克斯曼做了汇报，并称赞瓦克斯曼是"一位真正的学者"。

　　凭着自己坚韧不拔的毅力以及医学界的大力支持，瓦克斯曼对链霉素又做了深入的研究。他发现链霉素在实际使用中，其使用方法和用量一定要慎重，否则极易发生危险。此外，他还发现了链霉素对治疗结核性脑膜炎也有特效。

　　瓦克斯曼率先发现了链霉素并进行提纯，同时将之应用到抑制结核杆菌的临床试验中，给人类对抗结核病带来了希望。1952 年，他因发现链霉素获得了诺贝尔生理学或医学奖。

（刘宜学）

解决世界难题的小镇医生

——班廷发现胰岛素的故事

早在二三百年前，医生们便注意到一种奇怪的疾病。这种疾病的症状表现为"三多一少"，即排尿量多、饮水量多、食量多、体重减少。此外，患这种病的人的尿液特别甜。因此，人们把这种疾病称为"糖尿病"。

1889年，德国医学家胡恩·梅林和俄国医学家奥斯加·闵可夫斯基为了研究人体胰腺的消化功能，切除了一只狗的胰腺。有一天，他们在无意中发现实验室里一摊狗尿上布满了苍蝇，而旁边的一摊狗尿上却一只苍蝇也没有。敏锐的科学思维使他们意识到，这两摊尿的成分一定不同。

对尿液的成分进行分析之后，两位科学家发现布满苍蝇的尿为糖尿，也就是说留下这摊尿的狗可能患有糖尿病。经过检查，他们得知这是那条被切去胰腺的狗的尿液。这说明糖尿病与胰腺之间有某种关系。

梅林和闵可夫斯基将他们的发现写成论文，发表在一本医学杂志上，引起了医学界的关注。不少科学家开始对胰腺的功能展开新的研究，以期攻克治疗糖尿病的难关。有的科学家还明确指出，胰腺内的某种分泌物可能会减少糖尿病的发生。

那么，这种分泌物是什么东西呢？可不可以被提取出来呢？

大家知道，胰腺在人体中位于胃部的后下方。它为长条形状，分为外分泌腺和内分泌腺两部分。外分泌腺会分泌胰液，胰液通过胰腺管被输送到肠腔，参与消化工作；内分泌腺内有许多细胞团，这些细胞团好像大海中的岛屿，因此被称为胰岛。

要从胰岛中分离出分泌物并不容易，因为外分泌腺分泌的胰液中的许多酶会破坏胰岛分泌物。

1920 年 10 月 30 日，加拿大一个小镇的年轻医生弗雷德里克·格兰特·班廷看到梅林和闵可夫斯基的论文后，决心把胰岛的分泌物提取出来。

可在一个小镇的医院里，哪里有什么实验条件？他想到他的母校——多伦多大学，那里的实验室设备先进、试剂齐全。于是，他便去找他的老师约翰·詹姆斯·理查德·麦克劳德教授。

麦克劳德教授是一位不苟言笑的学者，对他的学生班廷已没什么印象了。他听完班廷的要求

1923 年 8 月 27 日《时代周刊》特别人物——加拿大著名生理学家、外科医师弗雷德里克·格兰特·班廷

后，摆了摆手，婉言拒绝了。他想，这是世界医学界的一个难题，一个小镇的医生想解开它无异于异想天开。

班廷怀着满腔热情而来，却被老师当头泼了一盆冷水。他只好狼狈地打道回府，但并没有因此灰心。

第二年，学校快放暑假了。班廷想，假期里麦克劳德教授不用实验室，向他借用一下总可以吧。于是，班廷又跑到多伦多大学。这一次，麦克劳德教授碍于情面，只好答应将实验室借给他使用一个暑期。

班廷分析了当前各种胰岛分泌物提纯实验失败的原因后，设计了新的实验方案。为了减少胰腺外分泌腺分泌的酶类对胰岛分泌物的影响，他先对胰腺里的胰管进行了结扎，再提取胰岛的分泌物。

时间一天天过去了，可实验并没有取得实质性进展。班廷焦急万分，打算在有限的暑假时间内，尽量延长工作的时间。于是，他只能最大限度地压缩吃饭和睡觉的时间。

实验为什么会失败呢？班廷重新审查了实验设计方案和操作方法，发现了失败的原因：原来是胰腺里的胰管结扎不紧，造成胰腺外分泌腺分泌的酶仍在影响提取工作。

7月27日，班廷又做了一次实验。这一次，他做好了实验准备，终于成功提取了胰岛分泌物。当他把提取液注射到患有糖尿病的狗的身上时，奇怪的现象出现了：狗的血液中的含糖量竟然在一段时间内迅速降低！接着，班廷又用牛做了同样的实验，也取得相同的结果。这意味着胰岛分泌物确实能够被提纯，且能对血液中的糖产生针对性的影响。班廷兴奋极了！

就在这时，麦克劳德教授度假回来了。班廷激动地将自己取得的实验成果告诉了教授。麦克劳德教授根本不相信，他认为世界性难题的解决绝不会是这么容易的。

事实胜于雄辩。当班廷重新为麦克劳德教授做了一次演示性质的实验后，教授信服了。他连声称赞班廷的实验做得巧、做得好，并表示要帮助班廷将实验进一步开展下去。

这样，班廷成功提取胰岛分泌物的实验得到了医学界的认可。他还把这种分泌物称为"胰岛素"。

1923 年，班廷和麦克劳德教授因为发现胰岛素，获得了该年度的诺贝尔生理学或医学奖。从这以后，科学家们还对胰岛素做了进一步的研究，并不断取得重要成果：

1926 年，美国生物化学家约翰·雅各布·阿贝尔提取出了胰岛素结晶，并通过实验证实它的化学成分是蛋白质。

1955 年，英国生物化学家弗雷德里克·桑格弄清楚了牛胰岛素的分子结构：一个胰岛素蛋白质分子是由两条多肽链组成的，一条为 A 链，由 21 个氨基酸组成；另一条为 B 链，由 30 个氨基酸组成。为此，他获得了 1958 年度诺贝尔化学奖。

1965 年 9 月 17 日，由中国科学院上海生物化学研究所、中国科学院上海有机化学研究所、北京大学生物系三个机构共同成立的协作组，在前人研究的基础上，成功地用化学方法人工合成了牛胰岛素。

科学家们研究胰岛素的工作还在继续……

（刘宜学）

"衣原体之父"

——汤飞凡发现沙眼病原体的故事

2008 年 7 月 23 日,《中国青年报》上刊登了一篇题为《汤飞凡若在,何至于此》的文章,说了这样一个故事:

当年"非典"肆虐了大半个中国,那时的防疫系统却"笨拙无力"。一位卫生部的老干部在接受记者采访时不无感慨地说:"汤飞凡若在,何至于此?"

汤飞凡,究竟何许人也?

"在中国,他将永远不会被忘记。"半个世纪前,英国近代生物化学家、科学技术史专家李约瑟教授曾这样预言。这位在中国科技史研究领域鼎鼎大名的专家曾有过许多令人折服的论断,但他的这番预言却没能成真——如今在中国,除了医学界,已经很少有人知

中国著名微生物学家、病毒学家和沙眼衣原体的发现人之一汤飞凡

道汤飞凡了。

半个多世纪前，汤飞凡曾经创造了一个个令人惊叹的奇迹，在世界微生物学界声名显赫：

他曾指导研究人员生产出国内第一批青霉素，为抗日将士提供药品保障；

他采用乙醚杀菌法批量生产牛痘疫苗，为天花病在我国绝迹做出了巨大贡献，使中国比世界上其他国家提前近16年消灭天花；

他带领研制小组赶制出鼠疫减毒活疫苗，遏制了1950年在东北地区蔓延的鼠疫；

……

汤飞凡像救火队员，哪里有火情就扑向哪里。他研制出过许多种药品和疫苗，拯救了不计其数的国人的生命，是当之无愧的"中国疫苗之父"！

然而他的贡献何止于此！ 1955年，他发现了沙眼病原体，分离出世界上第一株沙眼病毒，解开了一个医学界长期悬而未决的谜题，推动了沙眼的研究与防治，使全世界人民受益。

在半个多世纪前，沙眼是十分严重的流行病。据估计，当时全世界约有1/6的人罹患沙眼，视力严重受损人口约占10%，高发区失明者约占1%。在我国，沙眼病发病率更高，约达55%，在农村地区甚至超过80%，当时有"十眼九沙"之说。

早在1921年，汤飞凡从湘雅医学院毕业后，就立志研究细菌学和传染病学。对于危害如此严重的沙眼，他下定决心，誓要擒住病魔！

从19世纪末以来，就有学者提出沙眼是由细菌引起的，有人认为病原体是葡萄球菌，也有人认为是淋球菌，等等。1907年，一位捷克科学家驳斥了细菌学说，提出沙眼可能是由病毒引起的，病毒学说逐渐抬头。然而，究竟是何种病毒引起了沙眼呢？如果病原体真是病毒，如何分离沙眼病毒毒株呢？这些都是亟待解决的问题。1928年，汤飞凡还在哈佛大学求学期间，日本著名微生物学家野口英世从沙眼样本里分离出"颗粒杆菌"，并宣称这就是沙眼的病原菌，一时轰动医学界。随后，还有学者以确凿的"证据"佐证了野口英世的结论。

1929年汤飞凡回国，对沙眼进行了系统的研究。他重复了野口英世的实验，却没有分离出所谓的"颗粒杆菌"。用"颗粒杆菌"为家兔和猴子进行接种，它们也均未出现沙眼症状。

"野口英世的观点站不住脚！"汤飞凡为了进一步印证自己的判断，把"颗粒杆菌"接种到自己眼中，结果也没有出现沙眼症状。1935年，汤飞凡据此发表论文，彻底推翻了野口英世的论点。

那么沙眼的病原体究竟是哪种微生物呢？

1937年，正当汤飞凡沉醉于沙眼研究时，日本发动了"七七事变"；8月13日，淞沪会战在上海爆发。

"国难当头，研究何用？"汤飞凡毅然决然地报名参加了上海救护委员会的前线医疗救护队，奔赴离前线只有几百米的一线救护站，给伤员做创伤处理。

一线救护站的上空不时有炮弹呼啸而过，有时炮弹就落在不远处。汤飞凡的夫人十分担心他的安全。

"放心！"身高只有一米六的汤飞凡笑着说，"因为我目标小，炮火打不中我，所以我干这个最合适。"

战争期间瘟疫猖獗，汤飞凡临危受命，担任中央防疫处处长。他心里明白，眼下前方伤员急需青霉素为伤口杀菌，研制青霉素是头等大事。可是，中央防疫处设备极其简陋，况且那时国际社会对青霉素的生产工艺秘而不宣，国内要大量生产青霉素无异于天方夜谭。可就是在如此恶劣的条件下，汤飞凡硬是把不可能变成可能：1944年他带领团队成功研制出青霉素！当时在中国的李约瑟看了汤飞凡的研制设备后十分惊讶，在英国《科学》杂志上发表文章，详细介绍了这个"世界上最简陋的青霉素'生产作坊'"。

　　其间，汤飞凡还领导防疫处研制出国内第一批斑疹伤寒疫苗，生产了狂犬病疫苗、牛痘疫苗……

　　1950年，正值解放初期，百废待兴，作为中央人民政府卫生部生物制品研究所所长的汤飞凡更是忙得不可开交。直至1954年，他才重拾中断了近20年的沙眼病原体研究。

　　就在这近20年间，世界上不少微生物学家都付出了艰辛的劳动，提出了形形色色的沙眼病原体学说，但这些说法最后都被推翻了，沙眼病原体的真面目还是一个谜。

　　历史选择了汤飞凡！

　　起初，汤飞凡从北京同仁医院采集了68例沙眼样本，在大量小白鼠脑内接种，可是并没有从中分离出病原体。凭着多年的实践经验，他立即想到：鹦鹉热病原体可以在鸡胚卵黄囊中生长，沙眼病毒形态与鹦鹉热病原体形态相似，或许可以接种到鸡胚卵黄囊中。

　　于是，汤飞凡决定另辟蹊径，与助手黄元桐将沙眼病人的眼结膜刮屑物接种到鸡胚卵黄囊上，然后加入青霉素和链霉素，然而实验又失败了。

　　"问题出在哪儿呢？"汤飞凡冥思苦想，"会不会出在抗生素上？"

　　原来，病毒对青霉素和链霉素这两种抗生素不敏感，因此为了防止实验过程中的细菌污染，当时在提取病毒时通常都会加入青霉素和链霉素来消灭实验环境中的细菌。想到这，汤飞凡急忙查阅相关中外资料，并向眼科医生了解临床上抗生素对沙眼的治疗效果。原来，链霉素对沙眼病的控制毫无效果，而青霉素则对沙眼有一定的抑制作用。汤飞凡略有所悟，似乎找到了问题的症结。于是，他调整实验方案，把青霉素的用量减少到原来的1/5。

　　1955年7月，汤飞凡用新的实验方案分离出了世界上第一株沙眼病原体！这株病原体被汤飞凡称为TE8，"T"表示沙眼（Trachoma），"E"表示鸡卵（Egg），"8"表示第8次实验。

　　之后，汤飞凡采用完全不用青霉素并加大链霉素用量的方法，使分离病毒毒株的成功率得到了显著提高。

　　为了进一步确认TE8就是沙眼病原体，汤飞凡决定做人眼接种实验。"如果科学研究需要用人做实验，科研人员就要首先从自己做起。"这是汤飞凡一贯秉持的理念。1958年1月，汤飞凡将TE8接种到自己的眼睛里，并在出现典型沙眼症状的情况下坚持了40多天不做治疗。

　　这个结果证明，汤飞凡他们确实分离出了沙眼的病原体！

　　1958年，汤飞凡在进行了数次实验确证结论的正确性后，发表了重要论文《关于沙眼病毒的形态学，分离培养和生物学性质的研究》，轰动了世界。当时，各国科学家将这种病原体称为"汤氏病毒"。1970年，学术界将像沙眼病原体一样介于病毒与细菌之间、对青霉素等抗菌素敏感的这类微生物称为衣原体，汤飞凡也被誉为"衣原体之父"。

1980 年，国际沙眼防治组织曾向诺贝尔委员会推荐汤飞凡，得知其人已逝后特别授予汤飞凡沙眼金质奖章，以表彰他为沙眼防治做出的巨大贡献。此时，距汤飞凡逝世已 20 余年。有人认为，汤飞凡如果没有辞世，完全有可能获得诺贝尔奖。此话不无依据。

汤飞凡，一个不该被国人忘却的名字；汤飞凡，一位值得国人骄傲和自豪的中国科学家！

（刘宜学）

"小荷才露尖尖角"

——艾萨克斯、林登曼发现干扰素的故事

1928年弗莱明发现青霉素后，科学家们又陆陆续续发现了许多种类似青霉素的物质，如链霉素、氯霉素等，并将它们合称为抗生素。抗生素是人类征服致病细菌、控制细菌性疾病的"杀手锏"，它的出现，使人类的平均寿命延长了至少10年！

然而，在细菌领地内纵横驰骋八面威风的抗生素，却对病毒引起的疾病诸如感冒、肝炎、脑膜炎、麻疹等束手无策。

那么，病毒是什么？

它是一种比细菌更小、用电子显微镜才能看见的病原体。因为它小得能通过滤菌器，所以又叫"滤过性病毒"。通俗地说，如果将细菌比作篮球的话，那么病毒比一颗绿豆还小。1898年，荷兰微生物学家马丁乌斯·贝杰林克在感染了花叶病的烟草细胞中分离出了一种新的感染性物质，并将这种物质命名为病毒。此后，尤其在20世纪下半叶，许多能够感染动植物或细菌的病毒得到了分离和鉴定。1983年，法国巴斯德研究院的吕克·蒙

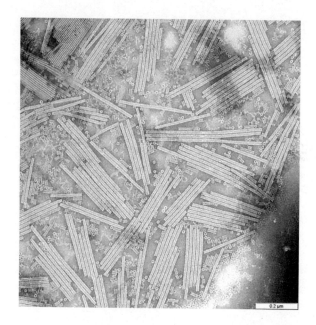

显微镜下的烟草花叶病病毒

塔尼和弗朗索瓦丝·巴尔·西诺西首次发现并分离出了一种逆转录病毒，也就是世人闻之色变的艾滋病病毒。进入 21 世纪以来，新出现的病毒不断肆虐，非典病毒、寨卡病毒、埃博拉病毒、中东呼吸综合征冠状病毒，还有 2020 年上半年起在全球范围内引起新型冠状病毒肺炎大规模爆发的新型冠状病毒，都对人类的生命健康构成巨大威胁。

人类用抗生素来征服细菌，那么怎样才能征服病毒呢？这成了全人类关心的问题。全球的病毒学家、免疫学家们都投入了大量的时间和精力展开研究，希望人类有朝一日能战胜病毒。

1957 年，英国病毒学家埃里克·艾萨克斯和瑞士微生物学家吉恩·林登曼利用鸡胚绒毛尿囊膜研究流感病毒干扰现象时发现了一种细胞因子，它具有抑制细胞分裂、调节免疫、抗病毒、抗肿瘤等多种作用。当生物体感染病毒时，生物的组织细胞就会将这种因子当作法宝来干扰病毒的新陈代谢，达到阻止或限制病毒感染的目的。为此，艾萨克斯和林登曼将它命名为干扰素（IFN）。

那么，干扰素是什么样的物质？它是如何帮助生物体抵抗病毒的呢？

这些谜一样的问题引起了科学家们的极大兴趣，更多的人开始投入到对干扰素的研究中。经过20多年的努力，科学家们才初步弄清楚这些问题。

原来，生物体内的干扰素是一类糖蛋白，它由不同氨基酸按一定数目和排列次序组成。科学家使用一种特殊的"手术刀"——切割酶，将它切成一段一段，并通过DNA测序来确定它的氨基酸联结方式，初步确定了它的氨基酸数目。

当人体受到病毒入侵时，细胞就发出紧急命令，释放出干扰素这个法宝。接着，干扰素便依附到病毒身上，在病毒体内产生两种对病毒不利的酶。一种酶会使病毒中的特殊蛋白磷酸化而失去活性，抑制病毒蛋白质的合成；另一种酶会对病毒核酸起瓦解作用，阻断病毒蛋白质合成，使病毒失去复制的能力。这样，在干扰素作用的两面夹击之下，病毒只得乖乖地"缴械投降"。干扰素因为在抑制病毒活性方面身手不凡，被誉为"病毒猎手"。

此外，干扰素还有一项超凡的本领，它能加强人体内吞噬癌细胞的自然杀伤细胞、巨噬细胞等的活性。临床统计数据表明，干扰素对骨癌、淋巴癌等10多种癌症有一定的疗效。

目前，科学家们已经发现了三大类干扰素。第一类叫 α-干扰素，第二类叫 β-干扰素，第三类叫 γ-干扰素。这三类干扰素中，以 γ-干扰素对抗病毒本领最大，故又有"免疫干扰素"的雅称。

20世纪60年代，白细胞干扰素开始被用于治疗慢性乙型病毒肝炎。但是由于白细胞干扰素原材料来源有限，价格昂贵，并未能大量应用于临床。

20世纪70年代末80年代初，瑞士科学家和美国科学家几乎同时成功研制出第一代基因工程干扰素；进入80年代后，科学家用基因工程方法在大肠杆菌及酵母菌细胞内获得了干扰素，并得到批准进行临床试验。

20世纪80年代中期，基因工程制取的干扰素获批上市，被较广泛地应用于临床实践。随后，第二代基因工程干扰素问世，其分子结构与人白细胞干扰素几乎一致，于1986年被美国食品药物监督管理局批准用于治疗慢性乙型肝炎。

2005年，聚乙二醇干扰素通过美国食品药物监督管理局批准，正式用于病毒性肝炎治疗。

不过，直到今天，干扰素在医学上的运用仍然不是很普遍，具备广谱抗病毒功能的干扰素的广泛应用仍在探索中。

"小荷才露尖尖角。"假以时日，我们相信干扰素在广阔的医学领域中必将大显身手。

（沙　莉）

推开基因时代的大门

——沃森、克里克发现 DNA 双螺旋结构的故事

1953 年 4 月 25 日，英国《自然》杂志发表了一篇题为《核酸的分子结构——脱氧核糖核酸的一个结构模型》的文章。文章仅千余字，配了一幅 DNA（脱氧核糖核酸）双螺旋结构示意图，并不特别起眼。然而，正是这么一篇"不起眼"的文章介绍的研究成果却轰动了全世界。

它，解开了生物遗传与变异的内在奥秘，拉开了分子生物学研究的序幕，推动生物学界迎来波澜壮阔的基因时代。

它，被认为是 20 世纪"三大科学发现"之一（另外两个是量子力学和相对论），是可与 19 世纪达尔文进化论、孟德尔遗传规律相媲美的重大科学发现。

推开这扇基因时代大门的是美国生物学家詹姆斯·杜威·沃森和英国生物学家、物理学家、神经科学家弗朗西斯·哈里·康普顿·克里克。

沃森，1928 年出生于美国伊利诺伊州芝加哥市。小时候，

他对鸟类特别感兴趣，喜欢观察鸟类。15 岁那年，他进入芝加哥大学生物系学习，立志要当一名鸟类专家。然而，他在大学快毕业时，读到薛定谔的《生命是什么》一书，被书中讲述的生命奥秘深深地吸引住了。"基因是什么？为什么这么神奇？"他决定改变研究方向，转而探索基因的秘密。

1951 年，正在丹麦哥本哈根大学进修生物化学的沃森，参加了在意大利举行的生物大分子结构学术会议。会上，他听取了英国分子生物学家莫里斯·威尔金斯所做的关于 DNA 的 X 射线衍射片的报告，大为震撼，觉得对 DNA 结构的探索也许是打开基因秘密的钥匙。于是，他来到英国剑桥大学卡文迪什实验室工作。

在那里，他遇到了他事业上的"黄金搭档"——克里克。克里克，1916 年出生于英国北安普敦市。中学时，他就在数学、物理方面显露出过人的聪慧。他对科学充满了好奇，对科学之外的事则充耳不闻，因此，家人给他起了个绰号——"胡桃夹"（意指兴趣狭窄）。无独有偶，克里克工作后也读过薛定谔的《生命是什么》，对数理与生物之间密切的关系产生了浓厚的兴趣。原来生物学也可以从数理角度来研究！于是，他进入卡文迪什实验室工作，开始专注于解决生物学难题。

共同的兴趣和目标使两人走到了一起。他们决定合作研究，弄清 DNA 的结构。

有趣的是，两个人的性格完全不同：沃森内向文静，言语不多；而大他 12 岁的克里克性格外向，整天嘻嘻哈哈、大大咧咧的。他们的专业特长也不同：沃森精于生物学，而对数学和物理不在行；克里克擅长数学和物理，生物学功底则相对薄弱些。或许正是从性格到专业的互补，成就了他们的合作。在沃森眼里，克里克是他见过的"最聪明的人"，而克里克也常说："我们常常想到一块去，所见略同。"这种相互欣赏正是他们合作的基础。

在当时，世界上已有两大科研团队试图攻克这一难题：一个是美国著名化学家莱纳斯·卡尔·鲍林及其团队，他们在建构蛋白质分子模型方面积累了大量经验；另一个是英国生物学家莫里斯·威尔金斯和女物理学家罗莎琳德·埃尔西·富兰克林，他们已拍到 DNA 清晰的 X 光衍射图。两大科研团队均已确认 DNA 的结构呈螺旋状，准备继续深入研究，揭开 DNA 的神秘面纱。

沃森和克里克明白，与两个实力雄厚的科研团队相比，他们只是"稚弱"的追赶者，唯有利用既有的研究成果，只争朝夕，才能成为胜利者。

从威尔金斯团队的研究成果看，DNA 结构呈螺旋状是毋庸置疑的。但从衍射图上，沃森和克里克看不出构成螺旋结构的是几条链，似乎两条、三条、四条都有可能。

究竟是几条链呢？

两人冥思苦想，不停地进行演算和推测，常常忙到半夜才回家。

"你老是这么晚回来，吵得我睡不好，房子不租给你了！"一天，房东怒不可遏，把沃森赶了出去。

好心的同事提供了一个简陋的小房间给他住，沃森才算安顿了下来。他满脑子萦绕着 DNA 的结构问题，顾不了这些生活琐事。

不久，沃森和克里克构思出 3 条链的 DNA 结构，并借鉴鲍林构建分子模型的方法，像拼积木一样拼出了 DNA 模型。

看着自己费尽心力拼出的模型，他们的内心充满了喜悦。

两人立即将模型送到了威尔金斯和富兰克林的实验室。

"快拿出来看看。"刚到实验室，威尔金斯便迫不及待地说。

"我们的模型结构是这样的。"克里克一边手里拿着模型，一边得意洋洋地说道，"这与二位拍到的衍射图也十分吻合。"

"你们对DNA含水量的计算有错误！"敏锐的富兰克林一眼就看出了问题。

"啊！这……我们没想到。"科学研究来不得半点大意。沃森和克里克仿佛被当头敲了一棒，沮丧极了。

屋漏偏逢连夜雨。就在这时，由于他们耽搁了实验室原有的研究课题，沃森被取消了奖金，克里克也被警告"不可再不务正业"。他们只好表面上放弃DNA的研究，暗地里则继续夜以继日地研究……

1952年12月，鲍林宣布做出了DNA的结构模型。消息传来，沃森和克里克心里忐忑不安："这意味着我们的努力付诸东流，前功尽弃了吗？"

当看到鲍林的模型后，他们却不由得松了一口气。原来，鲍林犯了同样的错误，将DNA的结构设计成了3条链。

沃森和克里克知道，DNA结构的研究已进入冲刺阶段，必须一鼓作气，直达胜利的终点。

1953年2月，他们在威尔金斯那里看到了富兰克林拍摄的DNA的最新X射线衍射照片，照片上清晰地显示DNA是双链结构。

"果然是两条链！"他们仿佛看到了胜利的曙光。

于是，他们又夜以继日地"搭积木"，设计DNA的结构模型。当时，DNA的分子组成已经是众所周知的。科学界早已知道DNA由6种小分子组成，分别是脱氧核糖、磷酸和4种碱基。

两人设想双链是由脱氧核糖和磷酸构成的，那么4种碱基在这个结构中处于什么位置呢？

在百思不得其解之际，沃森和克里克忽然想起了奥地利裔美国生物化学家埃尔文·查伽夫发现的碱基等量规律，茅塞顿开。仅仅两周之后，他们就设计出了DNA的双螺旋结构模型。在这个模型中，DNA就像由两条"栏杆"组成的"旋转梯子"。"栏杆"是由脱氧核糖和磷酸组成的，连接"栏杆"的"台阶"则是由4种碱基配对组成的。利用这一模型，科学家们就能够探索DNA作为遗传物质的所有特性，也能清晰地解释DNA的复制机制。

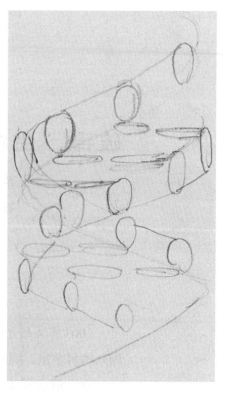

克里克在纸上绘制的DNA双螺旋结构模型（英国维尔康姆博物馆藏）

4月25日，他们在英国《自然》杂志上发表了论文《核酸的分子结构——脱氧核糖核酸的一个结构模型》，宣告了生物学研究的新时代——基因时代的到来。随后，《自然》杂志刊登的由威尔金斯和富兰克林撰写的两篇文章，为沃森和克里克发现的DNA双螺旋结构提供了有力的证据。

1962年，沃森、克里克和威尔金斯由于在DNA结构上的重大发现，获得了该年度的诺贝尔生理学或医学奖。按照诺贝尔奖的规定，已去世的富兰克林无缘这一奖项，但她为此所做出的突出贡献早已被镌刻在科学史上。

（刘宜学）

破译"生命的天书"

——各国科学家联手绘制人类
基因组图谱的故事

2003 年 4 月 14 日，美国、英国、日本、德国、法国、中国六国科学家，同时宣布人类基因组序列图绘制成功！

这一消息轰动了全世界。尽管人们早已对此有所耳闻且相信这一事件必将到来，但当这一事件真真切切地来临时，人们依然激动不已。

这项轰动世界的工程由意大利裔美国病毒学家、1975 年诺贝尔生理学和医学奖得主雷纳托·杜尔贝科发起。1986 年 5 月 7 日，杜尔贝科在美国《科学》杂志上发表了一篇题为《癌症研究的拐点——人类基因组的全序列分析》的文章。在文章中，他说对于基因的研究，不应该再延续之前的方法，"零敲碎打"地发现并研究恶性肿瘤细胞中的某些重要基因，而应该通力合作，绘制出人类基因组的完整序列。他还认为，"这一计划的意义堪比征服宇宙的计划，我们务必以同样的胆识来实施这一计划"。

　　一石激起千层浪。这篇文章甫一发表，便立即得到科学界的积极响应。1988年，美国成立国家人类基因组研究中心，由DNA双螺旋结构的发现者詹姆斯·杜威·沃森任总负责人（1992年后由弗朗西斯·柯林斯接替）。沃森和一批有远见卓识的科学家一起，戮力同心，积极推动人类基因组计划的实施。"不把它尽快弄出来简直就是罪过。"沃森曾坚定地这样说。

　　1990年10月，美国启动了国际人类基因组计划，准备在15年内投资至少30亿美元，测定人体内DNA中全部碱基对的排列顺序，绘制出人类基因组图谱。

　　人类基因组计划的规模和意义可与"曼哈顿"原子弹计划、"阿波罗"登月计划相媲美，因此这三项人类科研工程被誉为自然科学史上的"三大计划"。

　　人的体细胞中有23对染色体组成，即22对常染色体和一对性染色体，共有大约32亿个碱基对，这是一本复杂无比的"生命天书"。要把繁多的碱基对一一识别出来并排序，破译这部生命的"鸿篇巨制"，是一个巨大的工程！不过，众人拾柴火焰高。不久，这一宏大的计划就发展成由多国政府支持的国际项目。1993年，英国著名生物学家约翰·苏尔斯顿带领位于英国剑桥的桑格中心（现称英国桑格研究院）正式参与人类基因组计划，日本、德国、法国和中国的科学家们也先后加盟。其中，中国科学家杨焕明带领中国科学院遗传所人类基因组研究中心（现称中国科学院北京基因组研究所）的研究人员承担了人类整个基因组约1%区域的测序任务。

　　各参与国的科学家们争分夺秒，你追我赶，研究工作不断向前推进：1992年，美国和法国完成了人类Y染色体和第21

条染色体的第一张物理图谱……2000年，人类基因组"工作框架图"绘制完成。"工作框架图"虽仅是一张"草图"，但覆盖了97%的人类基因组，至少92%的序列测定准确无误，是人类基因组计划中最基础性的工作，具有里程碑意义。曾任美国总统的克林顿称，这是一张"了不起"的"草图"，这一天将是"载入史册的一天"。

2003年，为了纪念沃森、克里克提出基因双螺旋结构50周年，也为了表达对沃森积极推动人类基因组计划的敬意，参加项目的六个国家选择在这一年宣布人类基因组序列图绘制完成。其实，那时序列图还没有彻底完成，还有一些扫尾研究工作需要进行。直至2006年，难度最大的1号染色体的基因测序完成，序列图从此覆盖了人类基因组的99.99%，科学家们才算绘制出完完整整的人类基因组序列图。

从这本被破译的"生命的天书"上，科学家获得了如下信息：

——人类的基因数目比想象得要少得多。早先科学家估计人类会有10万多个基因，其实只有约3.2万个基因。这只相当于果蝇基因数的两倍，也仅仅比老鼠多几百个基因。这么少的基因数，怎么能启动那么复杂的功能？人类基因组计划首席科学家、总协调人柯林斯说这或许意味着人类的基因能够更高效地工作。

——人与人之间的基因大同小异。人与人之间99.99%的基因密码是相同的，仅有万分之一的差异。这说明不同人种之间并没有基因上的本质区别。由此可见，人类本是一家，团结、友爱、和平应该是人类共有的家风。

——人类基因组中存在细菌基因。人类基因组中大约有200个基因是插入人类祖先基因组的细菌基因。这可能是在人类进化晚期寄生在人体上的细菌基因与人类基因组中的基因实现了交换和整合。

……

要完全读懂这部"天书"，还有很长的路要走。但可以肯定的是，人类基因组图谱对于生命科学和医学研究，以及人类的未来发展将产生不可估量的影响。诚如人类基因组研究专家克莱格·凡特所说："破译基因组密码，就好比刚发现电的时候，谁能想到后来会有电脑、互联网。"

对于医学而言，人类基因组图谱的诞生昭示着分子医学时代的到来。将来，基因治疗将在临床上得

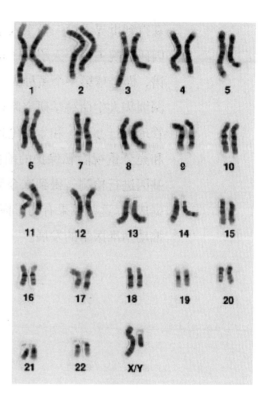

一位男性的染色体组型图

到广泛应用。对许多遗传疾病以及与遗传相关的癌症、高血压、糖尿病等疾病，医生只要看看病人的个人基因组图谱，就像电工看电路图一样，就很容易找到有问题的基因，实现精准施治。美国儿童尼古拉斯·沃尔克是应用基因组测序技术实现救治的第一个儿童。沃尔克患有严重的炎性肠道疾病，经历了包括结肠移除在内的约百次手术。2011年，医生通过基因组测序发现了其致病的突变基因，从而找到针对这种疾病的治疗方法——从脐带血中取出细胞进行骨髓移植。

在人类基因组计划完成后，对基因组图谱的研究与应用并没有停下脚步，而是往深化、细化方面发展。2007年，沃

森得到世界上第一份个人基因组图谱。同年，我国深圳华大基因研究院王俊等人绘就了全球第一个中国人标准基因组序列图谱，即全球第一个黄种人基因组图谱"炎黄一号"。2018年，深圳华大生命科学研究院徐讯等人在严格遵从《人类遗传资源管理暂行办法》和生命伦理原则的规范，以及获得知情人同意和充分重视隐私保护的前提下，对14余万中国妇女无创产前基因进行检测，得到迄今为止最大规模的中国人基因组学大数据成果。这些成果有助于揭示一系列中国人群特有的遗传特征，推动精准医学的发展。

（刘宜学）

中医药带给世界的一份礼物

——屠呦呦发现青蒿素治疗疟疾的故事

2015 年 12 月 10 日，一年一度的诺贝尔奖颁奖典礼在瑞典首都斯德哥尔摩的音乐厅举行。获得诺贝尔文学奖、物理学奖、化学奖、生理学或医学奖以及诺贝尔经济学奖的十位杰出人士从瑞典国王卡尔十六世·古斯塔夫手中接过了获奖证书和奖章。在诺贝尔奖的十位得主中，获得当年生理学或医学奖的中国科学家屠呦呦女士一袭紫衣，安详端庄，十分引人注目。她是历史上第一位获得诺贝尔奖的中国女科学家，也是历史上第一位获得诺贝尔生理学或医学奖的中国科学家。当天，来自瑞典王室、政府部门以及诺贝尔评奖委员会的 1500 多名贵宾盛装出席了颁奖典礼。在颁奖晚会上，诺贝尔生理学或医学奖评委汉斯·弗斯伯格对屠呦呦说："您的发现代表了一种医学范式的转变，不仅为那些遭受致命寄生虫疾病百般困扰的病人带来了革命性的治疗方式，而且增进了个人的福祉，推动了社会的繁荣，您的发现对于全球的影响以及全人类因此而获得的益处都是不可估量的。"

这不是客套的褒奖之词，而是对以屠呦呦为代表的优秀中国科学家以毕生精力投身科研的充分肯定！屠呦呦和她的科研团队多年投身于中医药和中西医药结合研究，为世界医药事业做出了卓越的贡献。其最突出的成就就是发现了青蒿素——一种用于治疗疟疾的药物，挽救了全球特别是发展中国家数百万人的生命！

在讲述屠呦呦发现青蒿素的故事之前，先让我们来简单了解一下疟疾这种可怕的疾病。

疟疾是一种由疟原虫引起的全球性急性寄生虫传染病。疟疾主要的流行地区是非洲撒哈拉以南地区、印度次大陆和东南亚、部分加勒比地区以及南美洲部分热带区域，其中非洲撒哈拉以南地区的疫情最为严重。据统计，全球每年感染疟疾的患者超过 2 亿人，每年因患疟疾而死亡的人数超过 50 万人，其中大部分是非洲地区的未成年人，他们对当地流行的疟疾免疫力较差，属于高危易感人群。疟疾患者由于早期多呈现发烧、寒颤等症状，这些症状与流行性感冒症状相似，因此常常因得不到及时的药物治疗而导致病情恶化。如果没有接受及时和有效的治疗，疟疾患者的死亡率非常高。非洲部分地区由于战乱、社会动荡和经济欠发达等问题，公共卫生状况较为恶劣，医疗资源匮乏，疟疾的感染率和死亡率一直居高不下，这成为国际社会普遍关注的焦点问题之一。

疟疾共分为四种：间日疟、三日疟、恶性疟和卵形疟。让科学家和医务人员头疼的是，每种疟疾的具体症状都不一样，需要对病人进行差异性的治疗。雪上加霜的是，随着时间的推移，疟原虫能产生耐药性，使得曾经有效的奎宁和氯喹等药物疗效逐渐减弱。因此，不断发现新的治疗疟疾的药物成为控制疟疾的关键。

这正是 20 世纪 60 年代初屠呦呦和她的团队接受的挑战。当年，东南亚地区的恶性疟原虫已出现对氯喹的抗药性，疟疾正疯狂地侵袭当地居民的健康。寻找新型的抗疟药物，成为迫在眉睫的任务。就在这时，屠呦呦和她的团队接受了开展全国疟疾防治药物研究大协作的指令。

进入 20 世纪 70 年代后，在筛选过上百个药方之后，屠呦呦和她的团队逐步将研究重心放在中药青蒿上面，因为他们曾在实验中发现青蒿提取物对鼠疟原虫有 68% 的抑制率。但令人疑惑的是，对青蒿提取物进行复筛的结果并不好，有时提取物对疟原虫仅有 40% 的抑制率，有时甚至低至 12%。怎么办？放弃吗？

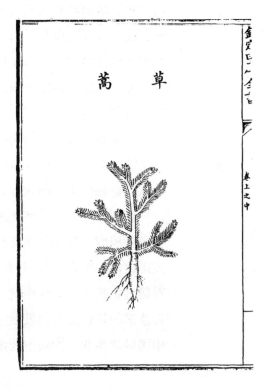

就在科研进入关键环节时，屠呦呦从《本草纲目》和民间的"绞汁"服用说法中得到启示：抑制率波动问题不在青蒿，可能在提取方法上！

东晋时期，著名炼丹家和医药学家葛洪著有《肘后备急方》，简称《肘后方》。所谓"肘后"，就是能方便地将书籍放入宽大的袖袋之意，相当于今天的"便携"。《肘后方》中记载，"青蒿一握，以水二升渍，绞取汁，尽服之"。古老

《本草纲目》中的青蒿图

的中医药智慧电光石火般激发了屠呦呦的科研灵感，促使她迈出青蒿素研发中最关键的一步——改进提取方式。屠呦呦带领团队创造性地采用乙醚作为溶剂低温提取青蒿汁，并保留其亲脂成分，终于率先提取出了对鼠疟原虫具有 100% 抑制率的青蒿乙醚中性成分。1971 年，屠呦呦团队从青蒿乙醚中性成分中分离出了单体，并将之命名为青蒿素，从此开启了研究青蒿素以治疗疟疾的新时代。

青蒿素能有效抑制疟疾，但是通过试验，研究人员发现它对动物有毒副作用。于是，屠呦呦和她的团队又一次面临严峻的考验：青蒿素对人体也有毒副作用吗？怎样测定安全剂量？这一次，屠呦呦和两位同事勇敢地选择了为科学事业献身，她们直接住进医院以身试药——亲自服用青蒿素以观察毒副作用并测定最佳剂量。幸运女神降临了，试验人员没有发现青蒿素对人体有明显的毒副作用！于是，更大规模的临床试验顺利开展，青蒿素被逐步推广到全世界，成为治疗疟疾的首选药物，解除了无数疟疾患者的病痛，挽救了数以百万计的宝贵生命。古老的中医药文化历久弥坚，创造了当代奇迹！屠呦呦和她的团队日益赢得世界的认可和尊重！

面对巨大的成功和潮水般的赞誉，屠呦呦一如既往地保持谦虚和清醒。在刚得知自己获得诺贝尔生理学或医学奖时，她发出这样的感言："青蒿素是传统中医药送给世界人民的礼物，对防治疟疾等传染性疾病、维护世界人民健康具有重要意义。青蒿素的发现是集体发掘中医药价值的成功范例，由此获奖是中国科学事业、中医中药走向世界的一个荣誉。"

（沙　莉）

天文·地理

微信扫一扫　科学早听到

恒星不"恒"

—— 一行发现恒星运动的故事

瑜伽唐大慧一行禪師

唐代著名天文学家僧一行

提起"恒星",人们很容易望文生义,产生误解,认为它们是恒定不动的。但是,恒星真的永远不动吗?显然不是。事实上,它的得名反映了古人对天体有一定的了解但并未获得完整认识。那时,人们认为这类星体静止不动,有固定的位置,因而称之为"恒星"。

人类历史上最早发现恒星也在运动的,是我国唐朝时著名的天文学家一行和尚。

一行俗姓张,名遂,自幼天资聪颖,博览群书,尤其在天文和数学方面造诣颇深。武则天当政时,她的侄子武三思力图拉拢这位卓有声誉的大学者。但张遂对武三思依权仗势横行霸道的作风极为反感，不愿与之为伍，又恐遭到陷害，最后决定寻个清静处栖身，做自己喜欢做的事情。于是，他来到中岳嵩山出家，拜在佛界高僧普寂和尚门下，法名一行。此后，一行在打坐修行之外，专心致志于研读天文和数学典籍，还常外出游学遍访名师，学识日益渊博。

公元712年，李隆基即位，庙号"玄宗"，史称唐玄宗。他随即连下诏书招贤纳士，大力选拔人才为朝廷效力。一行和尚理所当然地被列入"贤才"之列，但他只希望在清静自在的寺庙中度过余生，不愿涉足宦海，为红尘所累。于是，他外出云游，避开前来召请的朝廷使者。

唐玄宗知道后，愈发想重用此人。没有得到这位不可多得的人才，他不免有些闷闷不乐。这时，大臣中有人给皇帝献计：

"皇上，臣闻礼部郎中张洽是一行的族叔，何不让他来找一行呢？"

唐玄宗闻言大喜，立刻召来礼部郎中张洽，命其即刻动身请一行入京面圣，不可延误。

张洽领旨出了京城，打探到一行正在荆州当阳山隐居修行，立即马不停蹄地赶往当阳山。

拗不过叔叔的情面，一行随张洽来到京城长安。唐玄宗随即召见一行，希望他还俗为官，但一行坚辞不受。最后，唐玄宗无奈，只得同意安排他住进城内的华严寺继续读书诵经。

就在这一年，掌管天文历法的太史局好几次预报日食的出现。上至天子朝臣，下至百姓庶民，无不翘首期盼它的到来，准备一睹奇观。可是，人们左等右盼，预报的时辰早已过去，天空中依然没有丝毫日食出现的迹象。

"这班太史官领着优厚的俸禄，整天都在忙什么？！"

"就是。一连几次预报，可连日食的影子都没见着。依我看，干脆撤掉现任的太史官好了。"

……

一时间，种种议论充斥着长安城的大街小巷，连唐玄宗也生气了。他把太史官们召进宫中大发了一通脾气，吓得他们大气都不敢出。

就在这时，门官启奏道："启禀皇上，华严寺一行请求面圣。"

"让他进来！"余怒未消的唐玄宗下令。

一行进了金銮殿，奏道："皇上，今年以来，太史局几次预报日食，但始终未见日食的出现。如今京城上下，都在议论指责太史局的无能。依我看，这不能完全怪罪他们，因为他们也只是根据那些陈旧的历法来推算预测的。我认为当务之急，是重新制定一部历法，使之与四时运转相吻合。"

唐玄宗一听，觉得在理。他知道一行在这方面颇有造诣，便请他全权负责制定新的历法。

要重新编制历法，就必须先观测天象。可当时太史局的天文仪器早已破旧不堪，不能再用了。在这种情况下，一行决定先研制出新的、相对精密的天文仪器，以供观测之用。正好兵部有位对天文历法颇有研究的机械制造专家梁令瓒，于是两人展开合作，共同商讨如何制造天文观测仪器。

经过长达4年的艰苦努力，他们先后研制出"黄道游仪"和"水运浑天仪"两台天文仪器，为天象观测奠定了物质基础。

所谓"黄道"，就是指地球绕太阳公转的轨道。"黄道游仪"的研制，是为了帮助人们观测太阳、月亮的运动，测定各种各样恒星的位置。与"黄道"相对应，"白道"则是指地球上的人观测到的月球绕地球运行的轨道。这台"黄道游仪"的最大特点在于黄道环、白道环、赤道环的交点不固定，三个环可以开合移动。而这个特点，正是人们能利用它观察日、月运行和测定恒星位置的关键所在。

"水运浑天仪"则是指用水力运转的铜铸浑天仪，由梁令瓒等人在后汉张衡浑天仪的基础上改进而成。它不仅可以表现日、月、星辰在天空中运行的情况，还可以自动报时，测定时间。

有了这两架新的天文仪器，一行开始认真观测天象，并做了详细的记录，为编制新历法打下了坚实的基础。

在观测天象的过程中，一行运用"黄道游仪"和"水运浑天仪"等天文仪器测定了150多颗恒星的位置。在反复观测中，他惊异地发现：这些恒星的位置并不像以往人们所说的那样"恒定不动"；相反，它们的位置常有变化。这就表明，恒星不"恒"，它们也处在不断的运动中。

这可是科学史上一次非常重要的发现，它推翻了过去恒星永恒不动的错误认识。

（沙　莉）

让封建教会颤栗的学说

——哥白尼创立"日心说"的故事

在远古时代，人类祖先曾伫立在荒野之上，抬头凝望着天上的日月星辰，产生了无穷无尽的遐想。

有人说，天是由站在地上的擎天神扛在肩上的。那时，人们认为地是平直且方正的，天则是圆形的。天的中间部分隆起，四周下垂，就像盖在地上的一个半球形的大帐篷。于是，天圆地方的"盖天说"由此形成了。

后来，人们在观察中发现，"盖天说"无法解释日月星辰的东升西落。只有在天穹形成的半个球壳下面再加上半个球壳，让天成为一个完整的圆球才能解释天体的运行。于是，"浑天说"产生了。

在遥远的古希腊，人们对天地、宇宙的思考也从未停止。公元前4世纪，亚里士多德继承前人智慧，创立了"地心说"。他认为，宇宙是一个有限的球体，分为"天""地"两层，地球位于宇宙中心，所以日月围绕地球运行，物体总是落向地面。

地球之外有 9 个等距离的"天"层，各个"天"层自己都不会运动。所谓的"上帝"位于最外层的"水晶天"，推动"恒星天"转动，进而带动所有"天"层运转。人类居住的地球则居于宇宙中心，岿然不动。

1632 年伽利略的《关于托勒密和哥白尼两大世界体系的对话》卷首的一幅插画上，从左到右依次是亚里士多德、克罗狄斯·托勒密与尼古拉·哥白尼，画面呈现了三人在天文学领域的交锋。上图即 1663 年《关于托勒密和哥白尼两大世界体系的对话》再版时依据 1632 年版重新绘制的卷首版画（英国维尔康姆博物馆藏）

大约 1900 年前，生活在亚历山大城的埃及大天文学家克罗狄斯·托勒密全面承袭了亚里士多德的"地心说"，并把亚里士多德的 9 层天扩大为 11 层。

托勒密设想，各个行星都绕着一个较小的圆做圆周运动，而每个小圆的圆心则在以地球为中心的圆上做圆周运动。他把环绕地球的那个圆叫"均轮"，每个小圆叫"本轮"，同时独创了"偏心匀速圆"模型——假设地球并不恰好在均轮的中心，而是偏开一定的距离，即均轮是偏心圆；日、月、行星除了在上述轨道上运行，还与众恒星一起，每天绕地球转动一周。

托勒密的"地心说"恰好迎合了基督教教义，便被基督教用来维护教会的学说。《圣经》宣扬：宇宙和地球都是上帝耶和华创造的，地球居于宇宙中心，

描绘了哥白尼半身像的木刻版画，画面右下角是哥白尼学说支持者伽利略的半身像（A. 雷古尔斯基绘，英国维尔康姆博物馆藏）

端然不动；圣地耶路撒冷位居大地中央；人类是神之骄子，宇宙间的万物都是神为了满足人的需要创造出来的……

于是，托勒密的"地心说"成了"圣经"，天文学成了宗教的奴仆，这种状况一直延续了几个世纪。

1473 年，尼古拉·哥白尼在波兰托伦小城的一个商人家庭里出生了。他 10 岁那年，瘟疫夺去了他父亲的生命。从那时起，哥白尼开始跟舅父生活在一起。18 岁的时候，舅父把他送进了克拉科夫大学。在那里，思想活跃的哥白尼对天文学和数学产生了极大的兴趣。他不停地钻研数学问题，掌握了丰富的古代天文学知识，潜心研究"地心说"，做了许多笔记和计算，并开始用仪器观测天象。渐渐地，哥白尼的头脑中开始孕育新的天文学理论。

后来，哥白尼来到意大利留学，在学术气氛十分活跃的博洛尼亚大学学习。该校的天文学教授德·诺瓦拉曾对"地心说"表示怀疑，认为宇宙结构可以通过更简单的图式表达出来。在诺瓦拉思想的熏陶下，哥白尼萌发了关于地球自转和地球及行星围绕太阳公转的设想。

回到波兰后，哥白尼继续进行天象观测和研究，进一步认定太阳是宇宙的中心，行星的顺行与逆行是地球和其他行星绕太阳

波兰天文学家、数学家尼古拉·哥白尼画像（英国维尔康姆博物馆藏）

公转的周期不同造成的现象。从地球上看，好像太阳在围绕地球旋转，实际上则是地球和其他行星一起围绕太阳旋转。这一点就像我们坐在船上，明明是船在走，我们却感觉是岸在往后移一样。

哥白尼夜以继日地观测着，计算着，终于冲破重重阻力，创立了以太阳为宇宙中心的"日心说"。

哥白尼曾把"日心说"的主要观点写成一本名叫《浅说》的小册子，并把它抄赠给一些朋友。可他害怕招致教会的迫害，不敢把它们全部付梓。

但是，就像他曾经说过的一句名言一样："人的天职在于探索真理。"在探索真理的强烈冲动下，哥白尼还是开始了《天体运行论》一书的写作。

1543 年，这部 6 卷本的科学巨著《天体运行论》几经周折，终于在法国面世了。此时，哥白尼的生命也走到了尽头。他在临终前一个小时才看到这本还散

一幅呈现了天文学发展史上不同宇宙系统的木刻版画（德国版画家雅各布·安德烈斯·弗里德里希绘于 18 世纪前期，英国维尔康姆博物馆藏）

在这幅精美的版画中，位于中间的巨大的圆形图展现了哥白尼宇宙体系的部分图景，左上角圆形图呈现的是托勒密宇宙系统，右上角圆形图为第谷·布拉赫宇宙系统，左下角圆形图为结合了第谷·布拉赫和哥白尼两种宇宙观的宇宙体系，右下角圆形图则是哥白尼的日心宇宙系统。

发着油墨清香的著作，他用颤抖的手摩挲着书页，不久就溘然长逝了。

《天体运行论》明确地提出所有的行星都是以太阳为中心并绕着太阳进行圆周运动的。书中写道：

"地球与它的伙伴一起运动。"

"静居在宇宙中心处的是太阳……太阳似乎是坐在王位上管辖着绕它运行的行星家族。"

"最后，我们认识到太阳位于宇宙的中心。正如人们所说，只要'睁开双眼'，正视事实，行星依次运行的规律以及整个宇宙的和谐，都使我们能够阐明这一切事实。"

《天体运行论》中所阐释的理论虽然存在缺陷，但在人类历史上第一次描绘出了太阳系结构的真实图景，揭示了地球围绕太阳转动的运行轨迹，把颠倒了1000多年的日地关系更正过来，在中世纪宇宙观中引发了一场彻底的革命，在思想领域沉重打击了封建教会的神权统治。出于对哥白尼这位天才科学家的崇敬，世人尊称他为"现代天文学之父"。

（沙　莉）

令人生畏的"风暴角"

——迪亚士发现好望角的故事

翻开世界地图，我们不难发现，非洲大陆就像一个大楔子，深深地嵌在大西洋和印度洋之间。这个"楔子"的南端，有曾经令无数航海家望而生畏的好望角，它是由葡萄牙航海探险家巴尔托洛梅乌·缪·迪亚士于1488年发现的。

从很早的时候起，欧洲人就开始通过陆上丝绸之路从东方进口各种香料和珠宝。不过，那时东西方丝绸之路上的直接贸易都控制在阿拉伯人和意大利人手中，因此其他欧洲国家不得不因此付出高价。

到了15世纪，欧洲人开始寻找直接和东方进行贸易的新途径。其中，航海业已经相当发达的葡萄牙对此表现得最为积极。

1487年7月，葡萄牙国王派遣了一支探险船队。这支船队由迪亚士担任负责人，寻找绕过非洲南端进入印度洋的航路。

葡萄牙航海探险家巴尔托洛梅乌·缪·迪亚士

迪亚士率领的这支船队包括两艘快船和一艘满载食物的货船。在一个风和日丽的日子里，他们从里斯本出发了。

船队沿着非洲海岸向南行驶。一开始，航行十分顺利，他们没用多长时间就到达了非洲西南部海岸的渥尔维斯湾。但是，他们不久就发现，在继续往南的航行中，海岸线变得越来越模糊。

这时，充满着探险热忱的迪亚士一心想加快前进速度，而货船的速度太慢了，老让它跟在后面，什么事也干不成。于是，他命令船员把货船上的食物全部搬到两艘快船上，让货船先独自返航。

此后，船队整体的行进速度大大加快了。两艘快船在蔚蓝的大海上破浪疾行，迪亚士高兴地说："我们早该轻装前进了！"

正当他们为航行顺利感到庆幸时，船队遇上了一场大风暴，咆哮的海浪铺天盖地地扑向船队。迪亚士急忙下达命令："快！落帆！向西驶去！"

在狂风呼啸中，水手们只能趴在甲板上，爬到桅杆底下放下风帆。他们知道，飘扬在暴风中的帆将带来船倾人亡的危险。

帆落了。在风暴的恣意袭击中，两艘船犹如浮萍一般左摇右晃地朝西行驶，以免被风浪卷着撞向东岸的礁石。

尽管船队努力地向西行驶，但可怕的风暴却把落了帆的船只向南推去。整整10天过去了，风暴终于平息下来，狰狞的大海又恢复了昔日温柔可爱的面容。

这时，迪亚士和船员们都想休整一番。根据以往的航海经验，迪亚士知道，沿非洲大陆南行时，只要向东航行就必然会停靠在海岸边。于是他下令：

"调转方向，向东航行！"

船队向东航行了好几天。可是，他们并没有看到预料中会出现的非洲海岸线。迪亚士说："这场风暴使我们远离了非洲大陆，我们要继续向东前进！"

两艘船又向东航行了好几天，海岸线非但没有出现，反而似乎越来越远了。

"奇怪，这究竟是怎么回事？"迪亚士不由得纳闷起来，船员们茫然不知所措，船队的航行速度也减慢了。

忽然，迪亚士来了灵感，只听得他兴奋得大叫起来："对！我们很可能已经绕过非洲的最南端了，所以越向东航行反而离大陆越远。快，左舵！向北前进！"

几天后，他们果然又看见了陆地的影子，不久就抵达了现在的莫塞尔湾。这时，迪亚士发现，海岸线缓缓地转向东北，向印度的方向伸去。至此，迪亚士完全确信：船队已绕过非洲最南端，进入了印度洋。只要再继续向东航行，就一定可以到达神秘的东方。

迪亚士兴奋不已，想指挥船队继续前进，但船员们已经很疲倦了，他们强烈要求返航，而且粮食和日用品也所剩无几了。于是，他只好下令掉转船头，返回葡萄牙。

返航途中，迪亚士又经过了上次遇到风暴的地方。想起不久前在这里遭遇的狂风巨浪，这位惊魂未定的航海家给它取名"风暴角"。

1488 年 12 月，迪亚士回到里斯本，向葡萄牙国王报告了航海过程。国王非常高兴，可又觉得"风暴角"这个名字不太吉利，于是把它改名为"好望角"，意思是绕过这个海角就有希望到达富庶的东方了。可见，好望角曾被误认为是非洲大陆的最南端。其实，从好望角往东偏南方向再航行约150 千米，与之隔海相望的厄加勒斯角才是实至名归的非洲最南端。

今天，好望角仍然是无法通过苏伊士运河的超大型舰船穿梭往返欧亚之间的必经之地。来自印度洋温暖的厄加勒斯暖流和来自南极洲水域寒冷的本格拉寒流在此汇合，强劲的西风急流掀起的惊涛骇浪常年不断，浪大的时候海面如同沸水翻滚，航行到这里的船舶往往遭难，因此好望角成为世界上最危险的航海地段之一。难怪当年迪亚士的船队经过这里时，会遇上那么大的风暴。

（沙　莉）

让鸡蛋立起来

——哥伦布发现美洲新大陆的故事

今天，人们谈论起美洲历史的时候，总忘不了发现美洲的航海家克里斯托弗·哥伦布。不过，有人认为历史上第一个发现北美洲的欧洲探险家是莱夫·埃里克松。埃里克松是一位著名的北欧维京人，他可能早在公元 1000 年时就已抵达美洲大陆。但是，哥伦布的航海给欧洲与美洲带来了前所未有的、广泛而深入的碰撞和交流，肇启了欧洲海外殖民时代，对西方现代历史乃至世界历史都产生了极其深远的影响。

一幅创作于 19 世纪末的航海家克里斯托弗·哥伦布画像（美国国会图书馆藏）

哥伦布是历史上著名的航海家。1452 年，他出生于热那亚共和国（今意大利利古里亚大区首府热那亚城），从小就向往着海上航行，尤其喜欢读《马可·波罗游记》。

马可·波罗出生于威尼斯，是著名的旅行家，据说他的足迹曾遍及中国、缅甸、印度。他的著作《马可·波罗游记》在欧洲出版后，很快就销售一空，成为那时最畅销的图书。马可·波罗在游记中生动地描述了中国、印度等东方国家，在他的眼里，这些富庶的地方简直是"黄金遍地，香料盈野"。

阅读《马可·波罗游记》时，哥伦布一直幻想有朝一日能够环游世界，亲自到那诱人的东方乐园中探秘。

当时，欧洲大陆的人们都采用陆上交通方式到达东方。可是，到了哥伦布生活的时代，由于欧洲大陆到亚洲大陆的交通要道受土耳其人和阿拉伯人的控制，不易通过，人们的目光自然而然地转向茫茫无际的大海。要是能够从海上航行到达东方世界，那该有多好！

为此，哥伦布特地请教了意大利的地理学家，得知沿着大西洋一直向西航行，就能抵达东方。

于是，哥伦布制订了一个远航计划，开始四处游说，希望能够得到封建君主们在财力、物力、人力上的支持。葡萄牙国王拒绝了他的建议，后来西班牙女王召见了哥伦布，表示出对远航计划的兴趣，但没有给予实质性的答复。

一直拖到 1491 年底，西班牙国王斐迪南二世才接见哥伦布。经历了几番周折之后，他总算答应支持哥伦布的远航计划。

不过，几乎所有的水手都不愿随哥伦布远征，他们都担心自己会在半途中葬身鱼腹。后来，国王只好从刑事犯里挑选了一批人给哥伦布当水手，还给了他几艘破旧的帆船。

1492 年 8 月 3 日清晨，哥伦布带领约百名水手，驾驶着

这幅大约创作于1850年的画，描述了1492年哥伦布率领水手登上航船的场景（英国维尔康姆博物馆藏）

3 艘帆船——平塔号、尼尼亚号和圣玛利亚号，离开了西班牙的巴洛斯港，开始了横渡大西洋的壮举。

没有鲜花，没有礼炮，没有隆重的欢送仪式。谁也不知道茫茫无际的大西洋上，等待着这个船队的究竟是什么样的命运。

海上的航行生活并不浪漫。水连着天，天接着水，水天一色，茫茫无垠，显得十分单调而乏味。面对原始而广阔的大自然，人类显得异常单薄、无助，甚至有些力不从心。

就这样，在海上漂泊了一天又一天，一周又一周，水手们开始沉不住气了，吵嚷着要返航。

要知道，那时候的大多数普通人还都认为地球是一个扁平的大盘子，再往前航行，就会到达地球的边缘，帆船就会坠入深渊。

但是，哥伦布是一个意志坚定的人，他决不会让他苦心组建的船队在航行中半途而废，留下终生遗憾。他坚持继续向西前进，有时候，他甚至不得不拔出宝剑，强令水手们向前，再向前。

这幅大约创作于
1850年的画，描述了
哥伦布激励日渐懈怠的
水手们勇往直前的场景
（英国维尔康姆博物馆
藏）

在茫茫的大海上苦熬了两个月之后，命运终于出现了转机。1492年10月11日，哥伦布看见海上漂来的一根芦苇，他和水手们高兴得跳了起来！有芦苇，就说明附近有陆地！

果然，在11日夜间，哥伦布发现船的前方隐隐约约似有火光。12日拂晓，水手们终于看到一片黑黢黢的陆地，顿时发出了阵阵如雷鸣般的欢叫声！

在海上航行了2个月零9天之后，哥伦布他们终于到达美洲巴哈马群岛的华特林岛。哥伦布把这个岛命名为"圣萨尔瓦多"，意即"救世主"，从此圣萨尔瓦多岛的名字也沿用至今。接着，哥伦布看见了古巴岛，但他误认为那就是中国。到了12月份，哥伦布登上了他误以为是日本的伊斯帕尼奥拉岛。他发现的这些地方并不像马可·波罗在游记中描述的那富饶发达的东方国度，这令哥伦布稍许失望。

实际上，在一系列误打误撞中，哥伦布已在不经意间创造历史：自从10世纪维京人在格陵兰岛和纽芬兰岛建立殖民地以来，他是第一位在美洲大陆上驻足的欧洲人。从此，美洲大

陆进入了欧洲人的视野，并随着欧洲人航海事业的拓展和殖民野心的膨胀，逐渐走上世界舞台的中心。在哥伦布的航海生涯中，他总共 4 次到达过"新大陆"，足迹遍布加勒比群岛、墨西哥湾以及美洲大陆的南部和中部。但终其一生，哥伦布也没有实现夙愿——建立一条通过西行抵达亚洲的海上航线。

　　1493 年 3 月，哥伦布把约 40 个愿意留在新大陆的人留在那里，让他们建立起一小块殖民地，又把俘虏来的几名印第安人押上船，返回了西班牙。他们的船队顺利凯旋，哥伦布顿时成了英雄，受到西班牙国王和王后的隆重接待。科学家、航海家、探险家，还有一些附庸风雅的绅士们为他举行了一场又一场欢迎宴会。

　　在一场宴会上，正在大家觥筹交错、欢乐非常之际，忽然有人高声说道："我看这件事不值得这样庆祝。新大陆是地球上原来就有的，并非哥伦布所创造。他只不过是坐着船往西走，再往西走，碰上了这块大陆而已。其实只要坐船一直向西航行，谁都会有这个发现。"

　　宴会席上顿时鸦雀无声，绅士们面面相觑。这时，哥伦布笑着站起来说："这位先生讲得似乎很对，其实不然。"说着，他顺手抓起桌上放着的熟鸡蛋，接着说："请各位试试看，谁能使熟鸡蛋小头朝下，在桌上立起来？"

　　气氛又活跃了起来，大家都拿起面前的熟鸡蛋，试着、滚着、笑着……但最终谁也没能把它立起来。

　　刚才说话的那位绅士得意扬扬地说："既然哥伦布提出了这个问题，那么他自己一定能办到。现在就请他把熟鸡蛋小头朝下立在桌面上吧！"

　　全场的人都朝哥伦布看过来。只见哥伦布微笑着，手握鸡蛋，将鸡蛋小头朝下，"啪"地一声敲在桌上，手一松，那蛋就牢牢地立在桌面上了。

　　那人高叫起来："这不能算，你把蛋壳摔破，鸡蛋当然可以站住。"

　　这时，哥伦布正色说道："对！你和我的差别就在这里。你是不敢摔，我是敢摔。你我之间只是敢与不敢的区别。世界上的一切发现，在一些人看来都是再简单不过的。但是，请你记住：那总是在有人指明应该怎么做之后。"

　　这番宣言式的雄辩，立刻赢得了满堂喝彩！

（沙　莉）

"第一个拥抱地球的人"

—— 麦哲伦证实地球是球形的故事

在世界航海探险史上，人们永远不会忘记伟大的意大利航海家克里斯托弗·哥伦布。尽管哥伦布相信地球是圆的，相信横渡大西洋一直向西航行可抵达东方，遗憾的是，他却最终没有实现环球航行的梦想。真正实现环球航行梦想的，是另一位名垂青史的航海家——斐迪南·麦哲伦。

麦哲伦出生于葡萄牙北部波尔图的一个骑士之家。从青少年时代起，他就为葡萄牙巴尔托洛梅乌·缪·迪亚士、瓦斯科·达·伽马和意大利的克里斯托弗·哥伦布等著名航海家的探险故事所吸引。传闻他们从东方带回了多得令人难以置信的黄金、象牙、珠宝、香料等，这更让麦哲伦对大海彼岸心驰神往，幻想着有朝一日也能去富庶的东方。

然而，有志于航海探险的麦哲伦在自己的国家中不但得不到国王的信任，反而遭到无端的诬告陷害。失望和悲愤之际，他转而寻求葡萄牙的敌国——西班牙的帮助。不可思议的是，

葡萄牙著名航海家斐迪南·麦哲伦

他居然成功地赢得了西班牙国王的支持。

1519 年 8 月 10 日，西班牙的圣罗卡港热闹非凡。望着前来送行的人群，想到即将踏上远航探险的征程，麦哲伦心潮澎湃，感慨万千。

"轰——"

"轰——"

"轰——"

送行的礼炮声响了，麦哲伦心里暗暗发誓："我一定要成功！"

随后，他一声令下，这支由 5 艘大船、265 名水手组成的西班牙船队立刻扬起风帆，破浪远航。

按照计划，麦哲伦沿着哥伦布当年的航线前进。一路上，他率领船员们战胜了无数艰难险阻，镇压了船队中部分西班牙人发动的叛乱，终于使全体船员成为自己的忠实追随者。

1520 年 10 月 18 日，麦哲伦的船队继续行驶在南美洲南部海岸。这一天，麦哲伦对船员们宣布："我们沿着这条海岸向南航行了这么久，但至今仍然没有找到通向'南海'的海峡。现在，我们将继续往南前进，如果在西经 75° 处仍找不到海峡入口，那么我们将转向东航行。"

于是，这支船队又沿着海岸向南方前进了 3 天。21 日，麦哲伦在南纬 54° 附近发现了一个通向西方的狭窄入口。

麦哲伦激动地看着这个给他带来希望的入口，坚定地命令船队向这个看上去险恶异常的通道前进。船员们紧张地看着两旁耸立着的 1000 多米高的陡峭高峰，小心翼翼地迎着通道中的狂风怒涛前进。

海峡越来越窄，没有人知道再往前走面临的将是死亡还是希望，但是一种坚定的信念和冒险的精神推动着麦哲伦义无反顾地勇往直前。他大胆而且豪迈地鼓舞士气："眼前的海峡正是我们所要寻找的从大西洋通向东方世界的通道。穿过这个海峡，我们就成功了！"

在麦哲伦的鼓舞下，船队一步一步绕过了南美洲的南端。1520 年 11 月 28 日，船队在经历了千辛万苦之后，突然看见了一片广阔的大海——他们终于闯出了海峡，找到了从大西洋通向太平洋的航道！

麦哲伦和船员们激动得热泪盈眶。哥伦布没有实现的梦想，他们实现了！这个长约 563 千米的海峡后来就被称作"麦哲伦海峡"。

此后，麦哲伦的船队在太平洋上继续航行了 3 个月，水尽粮绝，他们只得靠饮污水、吃木屑甚至船上的老鼠为生，许多水手因此得了坏血病在途中死去。

1521 年 3 月，麦哲伦抵达菲律宾群岛中的宿务岛。4 月 27 日，他在麦克坦岛上与当地居民发生了冲突，麦哲伦在这场冲突中被杀死。剩下的船员继续航行，经过印度洋，绕过好望角，沿非洲大陆西海岸北上。

1522 年 9 月，启航 3 年之后，这支环球航行的船队终于回到了西班牙，此时船上只剩下了 18 个人。这次由麦哲伦率领的环球海上探险，第一次用铁一般的事实向世人证明了一个真理：地球是一个球体。

伟大的航海家麦哲伦从此被誉为"第一个拥抱地球的人"。

（沙　莉）

迷人的星空

——第谷发现新星的故事

1560 年 8 月 21 日，在丹麦的哥本哈根发生了一次日食。由于事前天文台预报了这次日食的发生时间，因此，到了那天，人们都翘首仰望天空，等待着那一刻的到来。果然，到了预报时间，原本光芒四射的太阳慢慢地缺了一角，就像一块圆形的饼被人咬了一口。接着，缺口越变越大，天色也越变越暗。激动的人们不禁为这一奇观拍手欢呼。

其中，有一位年仅 14 岁的少年，一言不发地站在那儿，全神贯注地观察着这难得的天文奇观，几乎连眼睛都不眨一下，仿佛要把这一过程完完整整地印在脑海中。这位少年的名字叫第谷·布拉赫。

"天空原来蕴含着这么多的奥秘！天文台的专家真厉害，竟然事先知道日食发生的时间。"这一次观看，使第谷对天文学产生了浓厚的兴趣。他从同学那儿借来了希腊天文学家克罗狄斯·托勒密编纂的《天文学大成》等书籍。从书本中，他不仅了解了日食形成的原因，而且还学到了其他天文常识。从这以后，每天晚上，第谷总要到平台上观察星斗。晚上，他做完当天的作业，上床眯着眼，假装睡觉。待父亲入睡后，他便蹑手蹑脚地打开门，爬到屋顶的平台上。仰望天空，好一幅迷人的画卷：

丹麦天文学家和占星学家第谷·布拉赫

皎洁的一轮明月，像个淘气的孩子在云雾中穿行。数不清的星星，像一颗颗晶莹剔透的宝石，闪着光彩。千姿百态的云雾更是有趣，有的像一堆皑皑的白雪，有的像一群奔腾的骏马，有的像怒放的花朵。不时，一两颗流星从天边划过……

"多么迷人的天空啊！"第谷情不自禁地叹道。

时间一分一秒地在变化万千的云雾间的缝隙中流逝。不知不觉中，月亮从天边悄悄地离去，东方的地平线上露出鱼肚白。"噢，新的一天就要开始了。"这时，他才小心翼翼地回到房里。好在父亲没有发现，要不，一心指望他长大后当律师的父亲，准会发脾气。

他上床稍微睡了一会儿，就像往常一样，准时起床吃饭，背起书包去上学。

几个月后的一个晚上，父亲无意中发现了第谷的秘密。他狠狠地将第谷教训了一顿，并警告第谷："以后再也不许观察什么星星了，不许再做什么天文学家的梦了。"

父亲怕第谷"故伎重演"，于 1562 年将第谷送到德国莱比锡大学学习法律，试图转移他的兴趣。为保险起见，父亲还花钱雇了一名家庭教师监视他的行动。

　　可第谷对天文事业的喜爱之情已经融入了血液中。他常常像小偷似的，避开家庭教师，拿着自己研制的天文仪器，跑到空旷的野外观察星空。后来，他冲破阻力，到德国罗斯托克大学攻读天文学专业，准备毕业后专心致志地从事心爱的天文学研究。

　　1571 年，第谷的父亲不幸去世。第谷悲痛万分，毕竟望子成龙的父亲为自己花费了许多心血。可第谷心里隐隐明白，这意味着他头上的"紧箍咒"消失了。从此，第谷在人生道路的选择上获得了自由。

　　他在学习、工作期间，每天晚上总要抽出一段时间观测天象，风雨无阻，从不间断。

　　1572 年 11 月 11 日晚上，第谷习惯性地来到"老地方"——他的观测台。他像查户口似的，用自己制作的粗糙的观测工具观察一个又一个星星。当"查"到仙后座附近时，他突然发现那儿多了一颗星星。

　　"难道这是一颗新星？"第谷喃喃自语道。

　　要知道，在当时，古希腊著名科学家亚里士多德"天体不变"的理论还统治着天文学界。人们普遍认为，天空中永远不会增加新的星体，现有的星体也永远不会消失。第谷能立即意识到新星体存在的可能，实属不易。

　　在这以后，第谷紧紧地盯住那颗刚发现的"陌生的星体"，不断进行观测。渐渐地，第谷发现它一天比一天亮，甚至有时在白天太阳光下也能见到它的"倩影"。

　　"这一定是颗新星！"第谷终于做出了大胆的判断。

　　第谷紧追不舍地对新星做了长达 1 年零 6 个月的观测，直至 1574 年 3 月这颗星消失为止。在这期间，他详尽地记录了新星的颜色、亮度、所处方位等情况，并于 1573 年发表了《论新星》，专门介绍自己发现的新星体。

　　这无异于一声春雷，给沉闷的天文学界带来了春天的讯息。

　　第谷发现的新星彻底动摇了亚里士多德"天体不变"的学说，开辟了天文学发展的新领域。后来，天文学家们确认这是银河系里的一颗超新星。为了纪念他的功绩，这颗超新星被命名为"第谷超新星"。由于在天文学研究方面成果卓著，第谷被尊称为"近代天文学始祖"。

　　值得一提的是，第谷还发现了一颗更大的"新星"——德国杰出的天文学家、物理学家、数学家约翰尼斯·开普勒。是

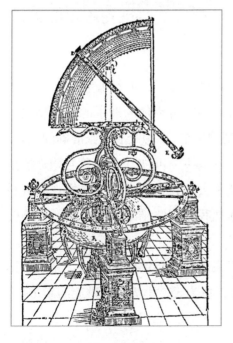

第谷的四分仪

第谷的墙象限仪

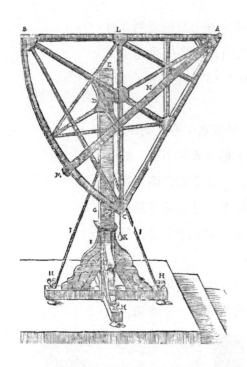

第谷的六分仪

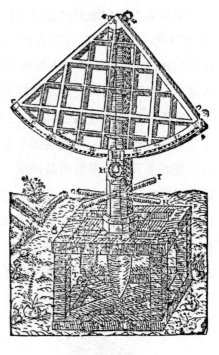

第谷的巨型象限仪

第谷正是用六分仪对发现的新星与邻星的角距进行了反复的测量，结果表明这颗新星相对于周围恒星没有发生明显的相对运动，因此应当位于恒星区域。这个结论对冲击亚里士多德的"恒星不变"论提供了有力的支持。

第谷发现了开普勒的才识，并精心栽培他。第谷在临终时，曾对当时身为他的助手的开普勒说："我一生都在观测星星，总想绘制一张准确的星表，目标是呈现 1000 颗星，可如今……我希望你能把我的工作继续下去，我把一生中所有的观测资料送给你，请你把我的观测结果发表出去。你不会令我失望吧！"

开普勒后来果然不负第谷的期望，完成了第谷未竟的事业，成为天文学界一颗璀璨的新星！

（刘宜学）

定期"回娘家"的星星

——哈雷发现彗星周期的故事

1986年2月9日，哈雷彗星又一次如期回到太阳的身边。当时，欧洲空间研究组织、日本和苏联等国的科学家，纷纷将他们设计制作的探测器发射到太空中。探测器进入彗核进行勘测，并收集各种彗核物质带回地球，供科学家化验，帮助科学家彻底弄清这庞大而空虚的怪物内部的奥秘。哈雷彗星每隔76年左右就要光顾地球一次。1986年，它远离地球后，下一次的回归是在75年之后，也就是2061年。年轻的朋友们有幸能在21世纪中叶再次目睹它的风采。由于哈雷彗星就像一列准点的列车一样定时光顾地球，有人戏称它像"远嫁的姑娘"一样。

哈雷彗星的得名是为了纪念17世纪英国一位伟大的天文学家——埃德蒙多·哈雷。正是他以敏锐的目光发现了这颗彗星每76年左右就回归地球一次的周期性运行。

哈雷于1656年11月8日出生于英国伦敦的一个富商之家。他真正从事天文学研究，开始于1676年。当时，20岁的哈雷

英国著名天文学家埃德蒙多·哈雷画像（J. 费伯 1722 年绘，英国维尔康姆博物馆藏）

正在牛津大学王后学院念四年级，他听说所有的天文研究机构都设在北半球，而南方美丽的星空从未被人认真观测过。于是，他下定决心到南半球去考察，以自己的观测填补这一空白。

1676 年秋天，哈雷与两名青年助手搭乘一艘东印度公司的商船，扬帆南下，经过 3 个多月的艰苦航行到达了南大西洋的圣赫勒拿岛。这个小岛远离英国，孤悬在浩瀚的南太平洋上，离最近的非洲大陆西海岸也要大约 2000 千米。那时，岛上只有几百个居民，没有商店，没有旅馆，岛民们的生活十分艰苦。在岛上，哈雷和助手们克服种种困难，建成了南半球第一个天文台。

通过长期艰苦的观测，他们取得了丰硕的成果。不到两年的时间里，哈雷就编制出第一个南半球星表——南天星表。星表一经发表，哈雷声名大震，23 岁的他被选为英国皇家学会会员，并获得了牛津大学的硕士学位。

1682 年的一天，哈雷正在圣赫勒拿岛上观测。这时，天空中突然出现了一个奇特的怪物：它披头散发，拖着一条摇曳不定、变化多端的尾巴，放射着时而血红、时而金黄、时而灰白的光芒。这个怪物突然出现在神秘的天空中，又神秘地消逝在茫茫的宇宙深处。它就是中国民间所说的"扫帚星"，在天文学上被称为"彗星"。哈雷连夜对这个奇异的现象进行了观察。他不知疲倦地翻阅大量的文献，以期获得更详尽的资料来研究。

后来，哈雷被牛津大学聘为几何学教授，致力于对彗星的研究。他收集了历史上大量关于彗星的观测资料，并且对1337—1698年期间观测到的24颗彗星的运行轨道进行了计算，结果发现：1682年出现的那颗彗星，与1531年、1607年出现的彗星的运行轨道十分相似。哈雷又敏锐地注意到：1531年与1607年间隔了76年，1607年到1682年，中间经过了75年。虽然有一年之差，但这表明这3颗轨道相似的彗星出现的时间间隔十分接近。于是，哈雷猜测这3颗彗星也许并不是大家以为的3颗不同的彗星，而是同一颗彗星3次经过运行轨道近地点。

法国的"清明上河图"——创作于11世纪的贝叶挂毯（局部），生动展现了哈雷彗星在中世纪时的一次到访引起人们热烈讨论的情景

为了证实自己的猜测，哈雷又开始分析更早的彗星历史资料，果然发现每隔 75 或 76 年就有一颗明亮的大彗星出现。

在接下来的几个月里，哈雷又对这颗彗星的运行轨道做了无数次计算，这些更为精确的计算取得了振奋人心的结果：这颗彗星在运行轨道上环绕太阳运行的周期，与历史上的记录完全相符。

1705 年，他正式公开宣布自己的发现：人们于 1682 年观测到的那颗大彗星，实际上就是 1607 年出现的彗星的又一次回归。最后，他还预言：这颗彗星将于 1758 年底或 1759 年初重新出现在人们眼前。

哈雷的预言震动了整个欧洲。

1758 年，哈雷已离开世界 16 年。但人们没有忘记他的预言，纷纷遥望星空，等待着那颗彗星的回归。

12 月 25 日，圣诞之夜，当人们在烛光装点的圣诞树下欢度节日之际，壮观的大彗星如期出现在夜空中！它就像一列准点到站的火车，拖着一条长长的扫帚般的尾巴，沿着天文学家测算出的轨道，从宇宙的深处穿越一个又一个星辰光临地球附近，又在人们的目光中，不知疲倦地向宇宙深处疾驶而去……

哈雷彗星预言的证实，昭示了科学的巨大威力，人类对彗星的本质也由此有了更进一步的认识。

（沙　莉）

"这恐怕不是一颗普通的'彗星'"

——赫歇尔发现天王星的故事

1781年3月13日是一个观测星空的好日子。是夜,星斗满天,英国天文学家弗里德里希·威廉·赫歇尔和平常一样,支起高倍望远镜,遥望夜空,沉浸在星星的海洋里。

突然,赫歇尔的镜头里出现了一颗他从没见过的新星。

"不可能吧?"赫歇尔使劲揉了揉自己的眼睛,怀疑是自己看花眼了。

在确定无疑之后,赫歇尔取下了他刚才所用的能放大270倍的望远镜镜头,更换为能放大460

英国著名天文学家、恒星天文学之父弗里德里希·威廉·赫歇尔

倍的镜头，最后又用上了能放大930倍的望远镜镜头。

在天文观测上，换用望远镜镜头进行观测是一种判断星体是行星或彗星还是恒星的方法之一：在更换镜头后，星体如果不断增大，则是行星或彗星；如果星体不变，则是恒星。

在几次更换镜头观测后，赫歇尔发现星体不断增大，这说明它是一颗行星或彗星。

自从17世纪发明天文望远镜以来，虽然天文学家们发现了很多新的恒星，行星数却从未增加。在当时，全球的天文学家都一致相信，在太阳系中只有水星、金星、木星、火星、土星和地球六大行星围绕太阳公转。

因此，赫歇尔凭着第一感觉毫不犹豫地判定：这是一颗"彗星"！

但是，赫歇尔透过镜头进一步观察发现，这颗"彗星"周围没有雾状云以及彗星尾。而天文学常识告诉我们，一般彗星多数有彗星尾，没有彗星尾的彗星，其周围也应该有雾状云。对此，赫歇尔又做出判断："既不见尾，又没有雾状云，这恐怕不是一颗普通的'彗星'！"

发现新"彗星"的消息迅速传遍了欧洲，许多天文学家都瞄准了这颗新星，对它进行追踪观测，最后，天文学界达成共识：这不是彗星，而是一颗新行星。

赫歇尔的发现使太阳系的行星家族中增加了一位新成员——天王星，人们认识到太阳系中有七大行星，而非六个。

赫歇尔能发现天王星，他手中的望远镜功不可没。说到望远镜，这里面还藏着一个有关赫歇尔兄妹的动人故事。

据说，当年迷上了天文学的赫歇尔日思夜想能拥有一架望远镜，以亲眼见证书本上所描绘的神话一般的景象："神秘的土星有光环，光环之间还有间隙……"然而，他一直不能得偿所愿。

有一天，赫歇尔从外面带回一个 1 米长的东西，妹妹卡罗琳·卢克雷蒂娅·赫歇尔一见，立即欢呼雀跃起来：

"啊，望远镜！"

"是的。不过这是借来的。"赫歇尔说。

在相当长的一段时期中，兄妹两人都争着用这个望远镜进行观测。可是，在这个望远镜的镜头下，遥远天空中的一切星体都是那么模糊。他们什么也没有看清，什么也没有发现。

失望之余，兄妹俩决心自己动手来制作一架大型望远镜。说干就干！他们在伦敦的一家工厂里定做了镜头。妹妹卡罗琳亲自用厚纸板做了一个 5 米长的圆筒，装上镜头后，一架简易的望远镜就在院子里立了起来。

赫歇尔迫不及待地转动着望远镜，对准了他一直抱有极大兴趣的土星。

"啊，看见了！土星，真的有光环！卡罗琳，快来看！"

遗憾的是，光环是看见了，却总是有些模糊不清。

"恐怕是我们的望远镜筒身不好吧！"卡罗琳说。

后来，他们又委托工厂加工了一个金属镜筒。金属镜筒使得观测效果大大提升，但又带来了一个新的问题：镜架粗笨，旋转不便。

这时，市场上已经出现了小型的反射望远镜。这种望远镜观测效果尚佳，而且制作成本也比较低。但是，市面上买到的望远镜倍数太小，而到工厂定做大倍数反射望远镜又相当昂贵。

怎么办？

"咱们还是自己动手制作吧！"

HERSCHEL'S FORTY-FOOT REFLECTING TELESCOPE.

　　于是，兄妹两人购买了所需的材料和工具，研究了光学理论，参考了有关资料，摸索着进行制作。

　　功夫不负有心人。那一年冬天，他们终于制成了能放大40倍的反射望远镜。40倍的望远镜显然无法满足他们精确观测天体的需要，但是它的成功制作为兄妹俩今后持之以恒地巡天观测、献身天文学研究打下了坚实的基础。

　　1774年夏天，赫歇尔的家里就像一个望远镜加工作坊：客厅成了木工厂，卧室成了镜片打磨车间。兄妹俩干劲十足，锯木声、磨镜声常常响成一片，屋子里热闹非凡。

　　经过不懈的努力，筒身长达6米的大型反射望远镜终于在他们的手中诞生了。

　　在一个晴朗的夜晚，他们用亲手制作的望远镜对美丽的星空进行了第一次观测。

　　"啊，多么美丽的光环，多么迷人的星球……"

　　凝聚着两人汗水和智慧的望远镜仿佛一道通往星空世界的彩虹，为赫歇尔一家架起了一座走向成功的桥梁。

（沙　莉）

　　赫歇尔制作的最著名的望远镜——约12米高的反射望远镜的夜视图（原图为1837年出版的《天文奇观》中的插图）

揭开南极洲的面纱

　　　　——从库克到别林斯高晋等
　　　　　发现南极大陆的故事

　　和北极相比，在一般人眼中，南极显得神秘得多。中国古代早就有文献记载了指示北极星的北斗七星，因为航行和指向的需要，古希腊人也很早就认识了这个绕着北极星旋转但始终准确指向北极星的星座，并将之命名为"大熊座"。同时，古希腊的哲学家们借用希腊语中的"Arktos"（熊）来命名地球的北极，英语中"Arctic"（北极）一词即来源于此。古希腊哲学家知道地球是圆的，于是用"Ant-Arktos"来命名与北极相对的南极，这个词就是英语中"Antarctica"（南极洲）的词源。

　　于是，尽管在相当长的一段时期中，一直没有任何人能够到达甚至接近南极洲，但南极洲在被发现前几百年就已经出现在世界地图上。在大约 1530 年由一位法国人绘制的世界地图上，南极大陆赫然出现在南半球，这块当时尚未有人涉足的大陆被以拉丁语命名为"Terra Australis Incognita"，译为"澳斯特拉利斯陆地"，意思是"未知的南方大陆"。

　　一直以来，"澳斯特拉利斯陆地"就像一个谜，吸引着一代又一代好奇的人。那遥远而未知的南极大陆，带给人们无限的遐想和猜测，催生了许多天方夜谭式的描绘和传说。然而，谁也没能亲自到达过那片净土，亲眼领略过那神秘的南极大陆上的风光。

　　1772 年到 1775 年，受英国皇家学会的委托，詹姆斯·库克船长开始了在南太平洋寻找南极大陆的伟大航行。在长达 3 年的航行中，他虽然最终没有得偿所愿，却成为首位踏足南极圈的拓荒者。进入南极海域后，库克船长坚信南极附近有陆地，因为陆地才是漫无边际的南极海域中大量浮冰的来源地。他在航海记录中写道："在这片不为人知的冰海中探索海岸的风险极高，我敢说，不会有探险者走得比我更远，南极大陆将永远不会被别人发现。"后人的研究认为，库克船长已经到达过距离南极洲海岸线仅有 130 千米的某个点，他却未能成功登岸。历时 3 年的航行结束后，库克船长回到英国，受到了英国皇家海军的隆重嘉奖，被擢升为上校舰长。他带回来的记录、材料则被当作珍品保存起来。

　　库克船长在南极圈内的航海壮举激发了其他探险家的热情，但是在此后长达半个世纪的岁月里，所有试图找到这块神秘的南极大陆的

詹姆斯·库克船长画像（18 世纪意大利版画家弗朗西斯科·巴尔托洛齐刻，英国维尔康姆博物馆藏）

努力都以失败而告终。尽管如此，因为在南极冰冷海域中生活着大量海豹，而海豹皮可制成优质皮草，所以进入19世纪以后，南极圈内的探险热潮再次兴起。为了海豹，为了土地，为了利益，俄罗斯、英国、美国的探险家们一而再、再而三地在南极圈内展开寻找南极大陆的国际竞赛。

这其中就有一个流传甚广的故事。

1819年，库克船长的探险报告引起了美国康涅狄格州的纳撒尼尔·布朗·帕尔默船长的注意。在库克船长的报告中，他们提到南极圈附近水域生存着大量的海豹和鲸。

帕尔默船长是个充满幻想的捕猎者。他仔细研究了库克船长的探险报告，不禁对探索南极圈产生了浓厚的兴趣。他兴致勃勃地买了一份世界地图，开始研究如何到达地图上那个尚未被标出的未知的南极大陆。

听说帕尔默船长准备去地球的最南端，许多人都嘲笑他说：

"帕尔默船长，可别把发财梦做得太香了！"

可帕尔默并不理会人们的嘲笑，他充满自信地说：

"我会满载海豹和黄金回来的，到时候，你们准备迎接我吧！"

"船长，可别忘了要活着回来哦，我们大家会想念你的。"

几天后，人们目送着帕尔默船长的"英雄号"驶向南方。

美国航海家、探险家纳撒尼尔·布朗·帕尔默船长

帕尔默的船在茫茫大海中航行了好几个月，连海豹的影子都没见着。但他并没有泄气，他对船员们说："我们还没有到达库克船长到达的地方，耐心些，再加把劲，继续前进！"

海上的气候异常恶劣，越向南航行，天气越寒冷，"英雄号"经常处于狂风巨浪的袭击中。冰雪不时袭来，令人难以招架。船只偶尔还会遇上或大或小漂流着的冰山。可帕尔默依然满怀信心，他常兴奋地对船员们说："再坚持一会儿！我们马上就会找到成群的海豹！"

然而，他们依然没有看见海豹。船员们开始怀疑起来，但帕尔默又下令再向南航行，找不到海豹誓不罢休！

越往南，海面流冰越多，海水也变成恐怖的深蓝色。除了偶尔在冰缝中依稀看见几头鲸，还是没见到海豹的影子。船员们开始泄气了，吵嚷着要求返航。

就在这时，帕尔默忽然发现淡淡的晨雾中有一片模糊的黑影，立刻下令朝着那片黑影全速前进。

原来，那黑影正是一块无比荒凉、银装素裹的陆地。

帕尔默惊喜万分，下令船员靠岸登陆。他很想弄清楚现在所处的地理位置，更想搞清楚四周的环境，于是他率领船员们费力地爬上一座高峰。

帕尔默拿起单筒望远镜环顾四周。当镜筒朝向南方时，他失声叫了起来：

"天哪！那是什么？"

单筒望远镜里，出现了一片连绵逶迤的山岳地带。那山岳上都覆盖着厚厚的冰层，只有高峰处偶尔显露出棕色的峰顶，伸入无垠的云天，显得苍凉荒寂。

"这就是传说中的'澳斯特拉利斯陆地'，地球最南端的

俄国航海家、探险家法比安·戈特利
布·冯·别林斯高晋

那块大陆！"帕尔默激动不已，"这是当年库克船长没能发现的大陆！"

然而，故事情节再生动，如果与史实不符，也只是传说而已。美国《国家地理》杂志官方网站上有这么一句话："谁发现了南极洲？答案取决于你问的是谁。"

如果我们问的是美国《国家地理》，这个最广为人知的拥有百年历史的权威地理杂志给出的回答是：法比安·戈特利布·冯·别林斯高晋。

1819 年，俄国航海家别林斯高晋在南极圈内的航行纵深超越了库克船长的记录。次年 1 月 16 日，别林斯高晋成了世界上发现南极大陆冰架的第一人。他看到的冰架即现在的毛德皇后地，他所到达的海域则被命名为别林斯高晋海。半个月后，1820 年 1 月 30 日，英国海军军官爱德华·布兰斯菲尔德确认了南极半岛伸入海洋的最北的顶端。当然，美国人探索南极的进程也没落下。1821 年，美国海豹猎人兼探险家约翰·戴维斯抵达南极大陆，第一个登上南极洲陆地，在这块古老的荒原上留下了人类的第一个脚印。南极洲是冰雪的天地，但人类探索南极洲这块未知领域的热情持续高涨。这块从未有过人类定居的大陆，其神秘的面纱终于被勇敢的探险者们渐渐揭开——它正向世界展示它那最洁净迷人的面目。

（沙　莉）

"难道万有引力定律有问题？"

——勒威耶等人发现海王星的故事

天王星的运行轨道是 19 世纪天文学界的一个谜，多年来一直让众多科学家感到费解。

早在弗里德里希·威廉·赫歇尔发现天王星之前，英国格林尼治天文台的约翰·弗拉姆斯提德曾经对天王星进行过 20 余次的观测。但是，由于距离太远，加上缺乏大型的精密观测仪器，他错误地认为那是一颗恒星，而将它列入了恒星表中。

1781 年，英国天文学家赫歇尔发现了天王星。在此后的40 年间，天文学家们对这颗新发现的行星进行了持续的观测，积累了不少新的资料。

1821 年，在巴黎天文台工作的法国天文学家、数学家亚历克西斯·布瓦尔，根据已有的文献资料，尤其是赫歇尔的观测记录，对天王星的轨道进行了周密的计算，然而得出的结果与弗拉姆斯提德将之作为恒星观测到的结果不符；反之，用弗拉姆斯提德等人的观测数据进行计算，其结果又和赫歇尔留下的观测记录不相吻合。而反复的检查验算表明，布瓦尔的计算方式并没有错误。

根据牛顿的万有引力定律，人们知道行星沿特定的运行轨道绕太阳公转。一般来说，根据现有观测数据，人们完全可以准确地计算出行星运行轨道的理论值。可是从实际情况来看，天王星的绕日公转轨道却偏离了理论值……布瓦尔不禁陷入了沉思：

"难道弗拉姆斯提德的观测有错误？不，他是一位认真严谨的天文学者。也许是赫歇尔以后的观测数据不可靠？不，这更不可能。难道万有引力定律有问题？不，绝对不会。"

天王星的轨道问题就这样被耽搁下来，成了天文学史上一个悬而未决的谜。行星运行表的制订也因此迟迟没有下文。

可是，出版一本正确的行星运行表是天文台的责任。天王星的轨道测定不仅仅是一个科学研究问题，而且关系到航海人员在航行中依据星象确定时间以及航船位置等的重要问题。因此，确定天王星的特定运行轨道迫在眉睫。

1845年的一天，巴黎天文台台长多米尼克·弗朗索瓦·让·阿拉果对一位青年数学家奥本·尚·约瑟夫·勒威耶提出了这样的要求：

"勒威耶先生，赫歇尔发现天王星已经64年了，天王星的轨道却一直没有弄清楚。布瓦尔在计算上的误差越来越大。我看，您是不是考虑对它重新计算呢？"

"我试试看。"勒威耶回答。

于是，勒威耶放下手上的研究课题，开始重新计算天王星的公转轨道。

在此之前，英国剑桥大学数学系学生约翰·库奇·亚当斯在得知天王星的轨道之谜后，综合了当时天文学家对天王星轨道计算的结果，大胆推测：太阳系中应该还有一颗尚未被发现的行星存在，是这颗行星的引力影响了天王星的轨道，而不是万有引力定律或观测数据有错误。

"初生牛犊不怕虎。"亚当斯借来了格林尼治天文台的全部观测资料，信心百倍地开始了计算工作。

经过两载寒暑的努力，亚当斯终于在 1843 年 10 月 21 日完成了计算，他喜不自胜地将结果送给了格林尼治天文台台长乔治·比德尔·艾利。

法国天文学家、数学家奥本·尚·约瑟夫·勒威耶

令人遗憾的是，具有严重保守思想的艾利对这位年轻大学生的研究成果置若罔闻，顺手就将资料塞进了抽屉。

1846 年 6 月，勒威耶发表了他的研究成果，宣称有一颗新的行星影响了天王星的轨道，并通过计算推测出了它的位置。

艾利闻讯，蓦然想起亚当斯的计算，急忙找出来与勒威耶的结果核对。让他吃惊不已的是，两者所预测的新行星的位置十分接近，从角度上说相差不过一度。随后，格林尼治天文台借助剑桥大学的大型天文望远镜，根据亚当斯和勒威耶提示的方向在太空中探索，结果却出乎意料地让人失望。

1846 年 9 月 18 日，德国天文台的副台长、天文学家约翰·格弗里恩·伽勒接到了勒威耶的一封来信，信中详细介绍了新行星的位置。

9月23日晚，伽勒果然十分幸运地在勒威耶预测的位置附近发现了这颗新行星。于是勒威耶和亚当斯一道，被世人公认为是这颗新行星的发现者。

　　后来，巴黎天文台将这颗新发现的行星命名为"Neptune"（尼普顿）。这个名字源于罗马神话中的海神 Neptune，所以中文名翻译成"海王星"。因为发现海王星的过程始于科学家们复杂缜密的数学计算，它也被人们称作"笔尖下的行星"。

　　"千呼万唤始出来，犹抱琵琶半遮面。"距离太阳最遥远的海王星，在 19 世纪中期姗姗来迟。在数位天文学家的共同努力下，它终于正式加盟太阳系的行星家族，成为第八位成员。

（沙　莉）

踩在北极点上的第一个脚印

——皮里发现北极点的故事

　　19世纪初，据说有位自诩为"科学家"的美国人西姆斯扬言，地球内部是空的，在地球的南极和北极附近各有一个大门，人类可以从那里进入地球内部。这种荒诞离奇却又非常诱人的说法，曾经迷惑了不少缺乏科学常识的人。当然，勇敢的探险家们并不理会这种无稽之谈，他们立誓要踏破冰原万年雪，去征服那片人类从未涉足的处女地。从此，北极探险进入了蓬勃发展的时期。

　　为了揭开北极那神秘的面纱，英国、美国、挪威先后派出了探险队。这些探险队在进入北极圈后，都未能战胜自然界摆在他们面前的巨大困难，没能找到北极点。不过，他们的探险记录为后人提供了大量珍贵翔实的第一手资料。

　　1909年9月5日，美国探险家、海军军官罗伯特·埃德温·皮里向全世界宣布，他于1909年4月6日踏上了北极点，在那万年冰原上留下了人类的第一个脚印！这一爆炸性消息迅速传

美国探险家、海军军官罗伯特·埃德温·皮里（美国国会图书馆藏）

播——北极点被人类征服了！

皮里原本是一位工程师，后来参加了美国海军。他一直对极地探险怀有浓厚的兴趣，被那神秘的北极深深地吸引住了。他时常想：有朝一日，我一定要踏上北极点。

皮里了解了许多北极探险家的探险历程，对前人留下的探险记录进行了透彻的研究，真切体会到要想取得成功，首先要获取丰富的极地生活经验。于是，1886 年，皮里来到格陵兰岛西部的一个爱斯基摩人部落。在这里，皮里渐渐融入爱斯基摩人的生活，成为他们当中的一员，与他们结下了深厚的友谊。后来，这些爱斯基摩人在皮里踏上北极点的征途中给予了他巨大的帮助。

从 1898 年开始，皮里就踏上了艰险万分的探索北极的征途。他先后共进行了 7 次极地探险，但都未能如愿以偿。

1908 年 6 月 6 日，年过半百的皮里仍然斗志不减，又一次率领一支探险队乘着"罗斯福号"船向北航行。在甲板上，皮里深情地眺望着那一望无际的大海，心情就像汹涌的波涛一样起伏不定。

"神秘的北极点，难道你真的要拒绝我的到来吗？这回，我非找到你不可！"

这一次的探险的确与之前有些不同。7 次进入北极圈的探险经历已使皮里拥有了非常丰富的极地生活经验，甚至可以说他已是北极圈的"常客"了。这一次，皮里进入北极圈后首先想到的是那些老朋友爱斯基摩人。这些爱斯基摩人为皮里提供了在极地使用的毛皮衣服、雪橇、猎狗等，并且自愿帮助他去寻找北极点。

"罗斯福号"船长巴特利特惊讶地说："真没想到，这些爱斯基摩人和你如此肝胆相照。"

皮里自豪地回答："我曾经和他们一起生活了很长一段时间，所以他们把我当作自己人。要想成功地到达北极点，我们离不开他们的帮助。"

站在"罗斯福号"蒸汽船主甲板上的皮里（美国国会图书馆藏）

在漂满浮冰的北极海域，"罗斯福号"终于抵达了距离北极点约805千米的谢里登角。皮里下令让船员在此建立基地，并做好继续向北进发的准备工作。

1909年2月22日，巴特利特率领先遣队出发了。3月1日，皮里也率领突击队驾着雪橇离开营地，沿着先遣队的足迹向北进发。

在距离北极点还有246千米时，皮里赶上了巴特利特的先遣队。这时，皮里让巴特利特带领大部分人马撤回基地。

胜利的曙光就在前头。皮里带上长年一起极地探险的非洲裔美国探险家亨森和4名爱斯基摩人，以极快的速度前进。

皮里正在向爱斯基摩人分送礼物（美国国会图书馆藏）

4月5日，皮里一行已到达北纬89°25′。皮里兴奋地说："北极点已经触手可及，我们就要成功了！"

他随即宣布就地休息，以便恢复体力，因为连续几天的行进已使他们疲惫不堪了。

4月6日，皮里一行终于到达北纬90°，人类的足迹第一次出现在北极点上，人类终于征服了这片凶险莫测的冰雪世界！站在这里，四周所有的方向都是南方。人们只要在北极点转一圈，就相当于环绕地球一圈！

值得注意的是，与处在陆地上的南极点不同，北极点处于北冰洋上。这就意味着北极点上是会移动的浮冰，纵使探险者能确定北纬 90° 的北极点位置，也无法在漂浮的冰面上做标记，因为它永远都在移动。因此，尽管世人普遍接受皮里到达过北极点这一说法，但在 20 世纪 80 年代，有人在专门研究过他当年的探险日志和其他史料之后，对此提出了质疑，认为由于当年的导航误差和记录差错，皮里实际到达的地点离真正的北极点还有 50 —100 千米。

　　关于北极点的首位发现者，20 世纪 80 年代还存在另一种说法：美国的另一位探险家弗雷德里克·库克于 1908 年 4 月就已到达北极点，比皮里早了整整一年！显然，首次发现北极点的机会只能有一个，究竟真相如何，相信历史研究者将来会给出确切的答案。

（沙　莉）

捷足先登

——阿蒙森发现南极点的故事

众所周知，地球一刻不停地绕着自己的轴自西向东旋转，于是有了周而复始的晨昏日暮。这个自转轴的南北两端，便是地球的两个极点：南极点和北极点。其中北极点落在北冰洋上，南极点则在南极洲的纵深处。南极洲是地球上最后一块被人类征服的大陆。北极点被征服之后，在南极点捷足先登便成为探险家们梦寐以求的目标。

南极点在地球自转轴的最南端，它是所有经线在南半球的汇聚点，位于南纬90°。最早发现并到达南极点的，是挪威极地探险家罗阿尔德·阿蒙森。

阿蒙森从1905年开始，花了整整4年时间精心准备，组织征服北极点的探险活动。但就在他即将出发时，突然传来美国人皮里抢先到达北极点的消息。

闻听此讯，阿蒙森惊呆了："难道4年的辛苦就这样付诸东流？！"

雄心勃勃的挪威极地探
险家罗阿尔德·阿蒙森（美国
国会图书馆藏）

　　极地探险是阿蒙森最热爱的事业，他绝不会轻
易放弃。1910年6月，他获悉英国探险家罗伯特·福
尔肯·斯科特率领一支探险队，正启程前往南极寻
找南极点。这个消息使阿蒙森又一次兴奋起来：

　　"对啊！北极点被人捷足先登了，但南极点还是块处女地。
我一定要第一个找到南极点，和斯科特一比高下！"

　　1910年8月9日，阿蒙森率领着"先锋号"船离开挪威，
开始了寻找南极点的艰苦征程。4年的苦心经营使得阿蒙森的
探险队具备极其强大的实力，尽管他们比斯科特迟两个月启程，
却比斯科特更早到达罗斯海东岸的鲸湾。

　　1911年1月26日，阿蒙森探险队在鲸湾建成了一座营房，
将之命名为"先锋者之家"。2月4日，斯科特探险队才姗姗来迟，
抵达鲸湾，双方友好地互致问候。但实际上，一场心照不宣的

竞争已拉开了序幕。

　　阿蒙森很重视在节假日进行休整，每逢周末他都毫不例外地向探险队员们宣布就地休息，这使他们在长途跋涉中能得到必要的调整。他带来的约116只爱斯基摩犬和4架坚固的雪橇在漫长的征途中也发挥了极其重要的作用。

　　一天，阿蒙森对他的探险队员们说："现在正是南极的大好季节，我们要抓紧时间做好各项准备工作。在既定的行进路线上，我们要提前设置一些补给站。接下来，南半球的冬季就要来临，到时我们必须暂时离开南极。"

　　于是，他们沿行进线路设置了大约7个补给站，总共存放了约3吨的补给品。其中最远的补给站距离"先锋者之家"有大约384千米的路程。每一个补给站都有一个高大的圆锥形雪堆，雪堆顶上插一面黑色的三角旗，它的四周还插有十几面同样的旗帜，形成南北向、东西向的两条直线。而且，他们还细心地在每面旗上标上返回"先锋者之家"的方向和相应距离。

　　南极的冬天就要到了，"先锋号"载着阿蒙森和他的探险队员前往新西兰，他们在那儿度过了南半球的冬天。

　　5个多月之后，南半球进入夏季，阳光重新照耀在南极大陆上。1911年10月19日，阿蒙森和4个伙伴一起，带着52只爱斯基摩犬，拉着4架雪橇向南极点正式进发。此时，他们已经做好充足的准备，确保往返双程的补给无虞。在这方面，阿蒙森的极地探险经验显然比斯科特丰富，后者在探险途中使用西伯利亚矮种马驮运物资，其运输效率在严酷的极地环境里显然逊色于狗拉雪橇。

　　一开始，阿蒙森团队的探险工作进展神速。但是，越逼近南极点，道路越艰险。11月15日，他们终于登上了布满冰川

的南极冰原，第一次看到了裸露着的红褐色的岩石。阿蒙森兴奋地说：

阿蒙森一行人在远征南极的艰难旅程中拍摄的南极山峰的照片（美国国会图书馆藏）

"我们已经越来越接近南极点了！明天就地休息，后天开始爬山！"

11月19日，他们终于登上了极地高原，这里的陆地加上积雪海拔超过3000米。阿蒙森知道，南极点就在极地高原上，下一步的工作就是在这个高原艰难跋涉，寻找他们梦寐以求的目的地。在探索南极点的最后阶段，他们不得不忍痛宰杀了一部分爱斯基摩犬，以保证队员和其他雪橇犬的食品供应。

12月13日，阿蒙森从测量器上看到他们已经到达南纬89°45′，他按捺不住内心的激动，向队员们大声宣布：

"大家注意，我们现在距离南极点已经非常接近，再往前走一段路，我们就成功了！今晚大家好好休息，保持体力！"

1911年12月14日，探险队向南挺进了几十千米后，阿蒙森突然兴奋地大叫起来："到了！我们到了！就是这儿！"在历经千难万险之后，他们终于找到了南极点——位于南纬90°的地方！这是地球的最南端，站在这里环顾四周，你往任何一个方向出发都是"北上"。他们在南极点用了整整4天时间进行考察，队员们都沉浸在成功的喜悦之中。离开南极点之前，他们在挪威国旗下的帐篷里留下了两封信，一封给挪威国王，另一封给正在逼近南极点的斯科特，并请斯科特将信转呈挪威国王。因为谨慎的阿蒙森知道，他们虽然成功了，但返回营地的征途仍然充满了艰险，他必须做好遇难的准备。

不过，命运似乎特别垂青阿蒙森。1912年1月25日，他们安全返回"先锋者之家"。在过去的近百天时间里，他们走过了大约3000千米的艰险路程，取得了首次发现南极点的巨大成功。5天后，全体探险队员乘坐"先锋号"

南极点与北极点的历史性"相会"——南极点征服者、挪威极地探险家阿蒙森（右）与北极点征服者、美国探险家皮里（左）的合影（E.J.赖利摄于19世纪初）

踏上了归途，约半年后安全返回挪威，受到了前所未有的隆重而热烈的欢迎。

另一位探险家斯科特却没能像阿蒙森那么走运。1912年1月17日，他付出了艰苦卓绝的努力，终于到达了南极点，但比阿蒙森迟了一个多月。更加不幸的是，在返回的途中，由于食物匮乏、天气恶劣，斯科特和他的队友们最终带着遗憾葬身冰原，为人类的探险事业牺牲了自己的生命。

后来，人们为了纪念这两位先后到达南极点的探险家，把建在南极点的科学考察站命名为"阿蒙森—斯科特"南极站。

（沙　莉）

一张世界地图的启示

——魏格纳创立大陆漂移说的故事

洁白的墙壁，洁白的吊顶，洁白的床单。

干净的纱窗，洁净的空气，宁静的氛围。

这是一间设施极其简单的病房，没有鲜花，没有绿意，有的只是医院特有的洁白和宁静，就连穿着白大褂的医生的脚步声也几乎是悄无声息的。

1910 年的某一天，年轻的阿尔弗雷德·魏格纳因病住进了这间病房。医生严格限制他的活动，不许他外出，也不许他看书。性格豪放、天性好动的魏格纳就像被软禁在牢笼中的困兽，在这间静谧的病房里坐卧难安。

百无聊赖地躺在病床上的魏格纳只得耐着性子，用胡思乱想来填补寂寞。病房里一面洁白的墙壁上，高挂着一张世界地图。魏格纳不时地看着这张地图，呆呆地出神。

实在无聊的时候，魏格纳就站起来，用食指沿着地图上的海岸线，描画着各个大陆的轮廓，借此消磨时光。

他描完了南美洲，又描画非洲；画完了大洋洲，又描画南极洲。突然，他的心念一闪，手指不由得慢了下来，停在地图上南美洲巴西东部的一块突出部分，眼睛却盯住非洲西海岸以直角角度内凹的几内亚湾。他忽然发现，这两者的形状竟如此吻合，真是不可思议！

魏格纳被这个偶然的发现惊呆了。他不禁精神大振，孤独、寂寞也一下子跑得无影无踪了。

"难道这两块大陆曾是同一块大陆分裂后的产物？"

魏格纳兴奋起来，站在这张世界地图面前，仔细端详着美洲、非洲大陆在外形上的不同特点。他发现巴西东海岸的每一处明显的突出部分，几乎都能在非洲西海岸找到形状相合的海湾；同时，几乎巴西的每个海湾，也都能在非洲找到相合的突出部分。

"这不会是一种巧合吧？"

兴奋至极的魏格纳一口气将地图上所有的陆地轮廓都逐一进行比较，结果发现，地球上几乎所有的大陆轮廓都能够近似地吻合在一起。

于是，这位病中的年轻人在脑海里形成了一个惊人的想法：在太古时代，地球上所有的陆地都是连在一起的，即只有一块巨大的大陆板块；后来，因为大陆发生分裂，分离出的板块不断分散漂移，才形成今天的各个大陆，因而它们的海岸线有着惊人的吻合。

魏格纳不仅思维跳跃、不囿于俗套，而且注重实践、尊重科学。因此，他没有急于向世界公布自己的发现，而是一头扎进大陆板块运动的研究当中。为了给自己的学说寻找证据，他随后收集了包括海岸线的形状、地层构造、岩相分析、古生物生存与演化情况等多方面的资料，并认真对其进行了深入分析与探索。在 1912 年德国地质学会的讲演会上，魏格纳向科学界人士说明：现在世界上的各大洲，在寒武纪时期是一个连接在一起的巨大的大陆板块，称为泛大陆。那时还没有大西洋，整个陆地被原始海洋即泛大洋所包围。大约从中生代起，泛大陆开始分崩离析。魏格纳大胆的设想不啻一则爆炸性的新闻，在全世界范围内"一石激起千层浪"。

"什么？以前非洲和南美洲连在一块？"

"荒唐！过去怎么会没有大西洋？"

人们疑惑、不解，纷纷斥责大陆漂移说，有人甚至认为魏格纳是"精神病患者"。

然而，魏格纳根本就没有理会世人的非难，他关心的是如何继续给大陆漂移说寻找根据。终于，他在 1915 年完成了科学巨著《海陆的起源》，正式提出了大陆漂移说。

在这部著作中，他认为泛大陆大约从中生代起慢慢分裂成若干板块。就像冰块浮在水面上一样，这些较轻的花岗岩质大陆壳浮在较重的玄武岩质基底上，逐渐缓慢漂移并相互分离。美洲脱离了欧洲和非洲向西移动，在它们中间逐渐形成了大西洋。非洲有一半脱离了亚洲，在漂移过程中，它的南端沿顺时针方向略有扭动，渐渐与南亚次大陆分离，中间形成了印度洋。南极洲、大洋洲则脱离亚洲、非洲向南移动，而后又彼此分离，形成了今天的南极洲和大洋洲。

由于板块漂移，大陆板块前缘受阻，受阻处就形成了褶皱山脉，例如科迪勒拉山系。大陆漂移的最后结果是形成了今天地球上的七大洲、四大洋的版图。

魏格纳提出的大陆漂移说，否定了一直以来人们公认的大

工作中的魏格纳
（德国阿尔弗雷德·魏
格纳研究所藏）

陆不变的看法，对地球上陆地和海洋分布现状的成因做出了合理的解释，把地质学研究向前推进了一大步。当然，受当时科技水平和认识水平的限制，大陆漂移说未能准确说明大陆板块漂移的动力机制，也没有提出大陆拼合的最佳方案。

后来，魏格纳的大陆漂移说催生了现代板块构造学，为矿藏勘探、地震预测等提供了理论指导和科学依据。

（沙　莉）

得而复"失"的"第九大行星"

——汤博发现冥王星的故事

2006 年 8 月 24 日下午 14 时，国际天文学联合会在捷克首都布拉格举行。会上，各成员国代表纷纷投票，将冥王星从太阳系的行星家族中剔除。这样一来，太阳系行星家族成员从 9 位缩编成 8 位，按与太阳距离依次为：水星、金星、地球、火星、木星、土星、天王星、海王星。冥王星"惨遭降级"，沦为柯伊伯带的一颗"矮行星"。太阳系中和冥王星为伍的矮行星还有谷神星、奇娜星和鸟神星等。

有趣的是，在冥王星被逐出行星家族之后约一个星期，来自全世界的反对声铺天盖地。一批不满的天文学家展开了"为冥王星平反"的运动，超过 300 位天文学家签署请愿信，抨击国际天文学联合会的这个决定。但是，国际天文学联合会没有轻易改变决定，为此，天文学家们重新界定了行星的概念：行星是环绕太阳（恒星）运行的天体，它们有足够大的质量使自身因为重力而接近成为圆球体，并且在其公转轨道范围内不能有比它更大的天体。

曾经进入太阳系九大行星行列的冥王星，和其他 8 大行星相比质量相对较小，仅有月球质量的 1/6，体积也只有月球体积的 1/3，其半径约为 1200 千米，公转周期长达 248 年。冥王星离太阳十分遥远，处于轨道近日点时与太阳的距离约 44 亿千米，远日点距离约 74 亿千米。算起来，从太阳发出的光线平均需要大约 5.5 小时才能抵达冥王星。

这么一颗个头不大且游荡在太阳系阴冷、幽暗、遥远的外围的矮行星，确实很难被地球人发现。然而，它的身影还是被人类的望远镜捕捉到了。更令人难以置信的是，它的发现者竟然是一位没有受过正式教育的年轻人克莱德·威廉·汤博。

汤博出身于美国一个贫寒的农民家庭。他从小就对满天星斗怀有浓厚的兴趣，但由于家里穷，他无法上学接受正规教育。可是，光用肉眼观察星空怎么行呢？在汤博 12 岁时，他自制了一架简陋的小型望远镜。有了这件"武器"，小汤博更加醉心于天文观察，常常三更半夜还痴迷于星空观测。

汤博虽然没有受过正式教育，但他天资聪颖。凭着对天文学的热爱，他不知疲倦地四处搜集有关天文学的材料，认真学习

美国天文学家克莱德·威廉·汤博与他自制的约 23 厘米的天文望远镜

天文知识。到了 20 岁时，汤博又制造出了一架性能相当不错的望远镜。通过这台望远镜，汤博能够观察到的天文现象就更加丰富多彩了。

可是，单凭这台自制望远镜，汤博很难在天文观察上继续深入并有所作为，而那些更先进、更精密的天文观测仪器，一位寒门子弟又如何买得起呢？汤博思来想去，觉得要想解决目前的困境唯有一种办法：去天文台工作。1929 年，汤博鼓起勇气提笔致信洛厄尔天文台，毛遂自荐进入天文台工作。没想到事情还挺顺利的，他不久就得到了对方的回应，成了这座天文台的一名工作人员。

洛厄尔天文台是美国已故科学家珀西瓦尔·洛厄尔创办的。洛厄尔生前认为，太阳系中在海王星之外还有一颗未知的行星存在。因为海王星并不完全遵循人们根据引力理论计算出的轨道运动，这意味着在海王星之外很可能还有一颗行星，它的引力使海王星改变了理论轨道。洛厄尔将这颗未知的行星称为"行星 X"，并且花了很长时间寻找它的"倩影"，但直到他去世为止，这颗遥远的行星仍未被发现。

这颗未知的行星真的存在吗？谁也无法回答。接下来的10 多年间，也没有人致力于对它的搜寻。刚刚参加工作的汤博心想："这家天文台接纳我到这儿工作，要是我能找到洛厄尔预言的那颗行星，不就是对天文台知遇之恩的最好回报吗？"

于是，汤博开始了寻找未知行星的艰苦而细致的工作。

在数以百万计的星体中，要找到这颗未必存在的行星，其难度可想而知。汤博深知，行星乍一看只是一个光点，似乎和恒星没有什么区别，但如果从动态角度观察，人们会发现行星实际上绕着某颗恒星运转，因而它的位置在不断变化——哪怕这种变化极其缓慢且微小。

　　"怎样才能发现星体位置的变化呢？"汤博问自己，"如果只是用仪器观察，不可能发现那些细微的位置变化。必须把它们的分布状态随时拍摄下来，再从比较中发现变化。"

　　确定了观察方法后，汤博首先把天空区域划分成一小块一小块。每隔两三天，他就要重新拍摄相同的天空区域，然后对拍摄图像进行认真的比较。对比工作进行起来极其费事——每张照片上平均有 16 万颗恒星，要在这么多星体中找到某颗位置发生变化了的行星，无异于大海捞针。而且，有些小行星的位置也在发生变化，但它们并不是洛厄尔预言的那颗"在海王星之外的大行星"。

　　为此，汤博特地设计了一种特殊的观察装置。利用这种装置他可以同时比较两张底片，并能够较快地寻找到发生闪烁的光点。

　　这项艰苦的工作持续了近一年之久。1930 年 2 月 18 日，汤博终于在当年 1 月拍摄的几张照片中发现，在双子座附近的恒星周围，有一颗移动得十分缓慢的星体。

　　"难道这就是洛厄尔预言的却没被找到的'行星 X'？"面对这一日思夜盼的新发现，汤博还不敢贸然加以肯定。为了进一步确定，他继续不断拍摄这个星体的照片。

1930 年，汤博正是使用上图中的比较镜对底片进行比较观察，发现了缓慢移动的"行星 X"——冥王星

汤博在 1930 年 1 月 21 日、23 日与 29 日所做的行星观察笔记

几个星期过去了，汤博终于确认：这个星体正是他期盼已久的"行星 X"。它正如洛厄尔所预测的那样运行在海王星外围。

1930 年 3 月 13 日，在洛厄尔生日这一天，汤博正式向世界宣布自己发现了新的行星。这一年，他年仅 24 岁。

这颗行星由于远离太阳，接收到的阳光远远少于太阳系中的其他八大行星，整个星体几乎是一个黑暗、寒冷、阴森的世界。因此，人们用罗马神话中生活在幽暗阴冷之中的冥界之神"Pluto"的名字来为它命名，翻译成汉语就是"冥王星"。

（沙　莉）

"多美的大山啊！"

——李四光创立地质力学的故事

时光回溯到 1925 年，在辽阔的西西伯利亚平原上，一列开往莫斯科的火车呼啸着前进。车厢里，旅客们的喧闹声和列车前进的"隆隆"声混杂在一起，显得特别热闹而有生气。

在列车靠窗的位置上安静地坐着一位年轻的中国人。他身材修长，衣冠整洁，正出神地凝望着窗外匆匆而过的风景。这名中国人叫李四光，年仅 36 岁，是来自北京大学的一位教授。这次，他以北京大学代表的身份远赴莫斯科参加苏联科学院成立 200 周年纪念大会。

忽然，车厢里出现了一阵轻微的骚动。李四光回过头，发现人们正纷纷把目光投向车窗外。

"多美的大山啊！"

"这就是乌拉尔山脉，太美了！"

列车不断前进，车厢里响起人们一阵又一阵的啧啧称赞。不一会儿，列车就把这蜿蜒连绵的山脉远远地抛在后面，车前依然是广袤无垠的平原。人们的注意力又回到了各自的话题，那阵由山脉带来的骚动也渐渐平息了。

可是，那位安静得出奇的年轻学者李四光的内心却无法平静下来。他想：奇怪，平原上怎么会突然出现这条巨大的山脉呢？为了弄清楚它的地理位置，他随即打开了随身携带的世界地形图。

在地图上，乌拉尔山脉如一条蛟龙，东面是西西伯利亚平原，西面是东欧平原。

李四光仔细地审视着地图，又看看窗外迅速后退的平原景观，刚才的疑问越来越强烈，紧紧地缠住了他的思绪：这绵长的乌拉尔山脉为什么会平地突起，从南到北纵贯在辽阔的西西伯利亚平原和东欧平原中间？

于是，在苏联科学院纪念大会期间，李四光就这一问题向一些地质学权威请教，但没有人能给他

中国著名地质学家、教育家、音乐家、社会活动家，中国地质力学的创立者李四光

满意的回答。原来，那时的地质学界还没有人注意到这个问题。思维敏锐的李四光马上意识到：这是一个不容忽视的地质现象，必须找出正确的答案。

回国后，李四光马上展开了深入的调查。他翻阅了许多地质学论著，结合苏联地质图进行仔细研究。他注意到在乌拉尔山脉的南面，还有一条向东西延伸而又向南突出的巨大弧形山脉。这条山脉东起阿尔泰山脉，经过高加索地区，西到黑海以北，与乌拉尔山脉一起构成一个巨大的"山"字。

这一发现使李四光产生了一个大胆的设想：乌拉尔山脉形成于古生代石炭纪一次巨大的地壳构造运动中，难道这"山"字型构造正是地壳运动的结果？如果真是这样，那么自然界中一定还有类似构造的山脉存在。

于是，李四光决定到大自然中寻找更多的"山"字型构造。1928年，他带着几名地质队员到江苏、广西一带进行实地考察。在进行了长时间的勘察之后，他们终于又发现了两个"山"字型构造。"太好了！"李四光快乐得像个孩子，"这些'山'字型构造绝不是孤立存在的现象，它们的形成一定和地壳运动有密切的联系！"

值得注意的是，除了"山"字型构造，李四光又在中国的东北地区发现了由大兴安岭山系、小兴安岭山系和长白山构成的"多"字型构造体系。在那里，几座东北走向和西南走向的山脉，组成了一个巨大的"多"字。

通过深入的研究，李四光发现，这些不同的地质构造带对矿产的形成有着不同的影响。各种地应力除了影响地壳的形状，还会影响到地球深处，驱使地下的矿藏沿某一构造带集中分布，形成矿床。比如，一般来说，在有东西走向山脉的地区，地下常见铜、钨、锡之类的重金属矿体；"多"字型构造的沉降带由于具备有利于某些矿物沉积的条件，因而多见石油及天然气资源；而"山"字型构造区域，地下则会形成煤田。

1926年，李四光在《中国地质学会志》第5卷上首次发表《地球表面形象变迁之主因》，提出"整个地球表面的大的构造形迹的走向可归因于旋转力的作用"的假设，试图解决"旋转力的性质及其作用到地球表层的力学效果"，将力学概念引入对地质成因的描述中。后来，李四光又出版了《中国地质学》《地质力学之基础与方法》等重要著作，将地质学和力学结合起来，创立并发展了一门新兴的学科——地质力学。同时，他将地质力学应用在矿产勘探上，具体指导我国石油资源的勘探与开发工作。

（沙　莉）

寻找"天电"

——央斯基发现宇宙射电波的故事

1932 年的一天，在位于美国新泽西州的贝尔电话实验室中，一位年轻的无线电工程师利用实验室的天线，开始探测和研究干扰无线电通信的信号源，以免实验室在借助无线电进行通话时遭到天电（大气中放电过程引起的脉冲电磁辐射）的干扰，确保通信正常。这位无线电工程师就是卡尔·古特·央斯基。

为了更好地工作，央斯基重新设计了一架巨大的无线电天线。这架新天线搜索和鉴别信号的性能更好，还可以灵活转动，以便接收来自各个方向的信号。

美国著名无线电工程师、天文学家卡尔·古特·央斯基

央斯基知道，当出现天电时，杂乱无章的无线电波肯定会对无线电产生干扰作用，导致无线电通信故障。因此，一旦发生通信故障，央斯基就转动他的天线寻找干扰信号的最强值，找到最强值就意味着天线对准了干扰信号的源头。

一天，央斯基的仪器忽然探测到一波强烈的干扰信号。他还没来得及调整天线方向，就看见一道闪电划破天空。

"哦，原来是闪电。"央斯基松了一口气，"看来雷雨和闪电产生的无线电干扰是这样强烈。"工作时间一长，央斯基便能够鉴别出那些经常出现的干扰信号的强度，甚至当闪电在视线之外的地方产生时，他也能接收到信号并鉴别出干扰源。

这一天，央斯基正在实验室里全神贯注地进行着他的工作。突然，他的耳机里冒出一阵微弱的"咝咝"声，这种声音完全不同于闪电发生时信号受到干扰产生的"噼啪"声。

"或许是仪器出现什么故障，造成了这种声音吧？"央斯基这样猜测。但是他检查了仪器，发现一切正常，那"咝咝"声却仍然存在。

央斯基静心屏气，慢慢地转动天线。他奇怪地发现，这"咝咝"声竟然也会发生时高时低的变化！

到底是什么干扰信号造成了这种"咝咝"声呢？

他继续慢慢调整天线方向。接着，央斯基发现，这种干扰信号的强度在太阳所处的方向上达到了最大值。

"莫非这是太阳发出的无线电波？"央斯基想到这儿，不由得兴趣大增，决心要弄个水落石出。

在接下来的一段时间里，央斯基每天都坚持观察。他发现，这种干扰信号每隔23小时56分4秒就会出现最大值，而这段间隔时间正好是地球自转一圈所需的时间。

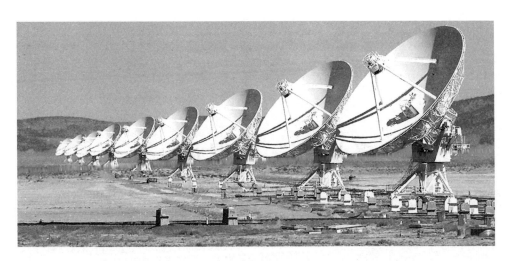

于是，央斯基继续不厌其烦地转动他的天线，想进一步研究干扰信号的来源。他发现，他所接收到的无线电干扰信号的源头不是太阳，而是比太阳遥远得多的宇宙空间。当然，现在我们已经知道，他接收到的信号实际上是来自银河系中心的射电波。

央斯基把这一发现写成文章发表在科学刊物上，他认为在遥远的宇宙空间中存在着一种"射电辐射"。然而，当时天文学界并没有对他的发现给予足够的重视。

过了好几年，人们才开始意识到，央斯基的发现是20世纪最伟大的天文发现之一，他开创了使用射电波研究天体的新纪元，射电天文学也由此诞生。

（刘宜学）

曾出现在美国科幻电影《独立日》中的卡尔·古特·央斯基甚大天线阵

美国国家射电天文台的超大型望远镜阵列，是世界上最大的综合孔径射电望远镜，由27台25米口径的碟形天线以Y型排列组成。2012年，为纪念射电天文学先驱卡尔·古特·央斯基，人们将之命名为卡尔·古特·央斯基甚大天线阵。天文学家们曾使用它追踪了银河中心复杂气体运动，探索宇宙边缘的奥秘。

"多出来"的温度

——彭齐亚斯、威尔逊发现宇宙微波
背景辐射的故事

地球怎么来的？宇宙怎么来的？自古以来，人们对这些问题充满了好奇和幻想。

早在 1948 年，美籍俄裔物理学家乔治·伽莫夫提出一种观点：宇宙起源于大约 150 亿年前温度高达 100 亿摄氏度的"原始火球"的一次大爆炸。他甚至预言，这次爆炸后仍残留着大约 10 K（K 指热力学温度单位开，又称绝对温标，是国际单位制中七个基本物理量之一。绝对零度指的便是 0 K，对应 –273.15 ℃。10 K 就相当于 –263.15 ℃）的余热，这就是宇宙微波背景辐射。直观地说，微波背景辐射就像宇宙大爆炸的遗产，所以又被称为"遗留辐射"。伽莫夫关于宇宙起源的说法，一时还难以被确证。不过，他关于宇宙背景辐射的观点却立刻引起了科学家们探索的兴趣。

长期以来，人们一直认为星系际空间（即宇宙背景）是纯粹的彻底的虚空，就像一幅广袤无垠的黑幕，不可能有能量辐射。20世纪60年代初，美国普林斯顿大学的射电天文学家罗伯特·亨利·迪克和菲利普·詹姆斯·埃德温·皮布尔斯在进行了大量理论分析的基础上，专门建造了一架天线，努力寻找宇宙背景辐射。可是几年过去了，他们仍然一无所获。

　　花开两朵，各表一枝。

　　1963年，在迪克和皮布尔斯架设天线寻找宇宙背景辐射的同时，美国新泽西州霍尔姆德尔著名的贝尔电话实验室里，先后来了两位研究人员。其中一位名叫阿诺·彭齐亚斯，1933年出生于德国巴伐利亚州慕尼黑市，6岁时随家人迁居美国。另一位叫罗伯特·威尔逊，他比彭齐亚斯还小3岁，刚刚获得博士学位。

　　这两位新来的研究员很快就成了好朋友。他们发现，贝尔电话实验室里有一架性能良好、反应特别灵敏的喇叭形反射天线。这架天线高达6米，装配有接收器、微波辐射计、微波放

罗伯特·威尔逊（左）和阿诺·彭齐亚斯（右）

美国新泽西州霍尔姆德尔贝尔电话
实验室的喇叭形反射天线

这架喇叭形反射天线长 15 米，重
达 18 吨，1959 年为接收从"回声 1 号"
卫星反射回来的信号而建造。1964 年，
威尔逊和彭齐亚斯利用它发现了宇宙微
波背景辐射的存在，为宇宙大爆炸理论
提供了有力的支持。1990 年，这架反射
天线作为美国颇具历史意义的地标物被
贝尔电话实验室捐赠给美国国家公园服
务管理处。

大器等不少高性能仪器。

"这架天线以前专门用于接收从'回
声 1 号'卫星反射回来的信号，现在我们
已经不用它了。"实验室的负责人对这两
个新人说，"不过，它的灵敏度非常好，
特别适合把微弱而均匀的辐射同强射电源
的射电辐射区别开来。"

"太好了，我们正好可以用它来研究
不同天体辐射的电磁波。"威尔逊和彭齐
亚斯开始把这架天线指向远离银河系中心

的广阔空间，并细心地记录下每一次仪器反馈的结果。

1964 年的一天，威尔逊疑惑不解地说："奇怪，天线接收到的辐射的温度怎么一直保持在 7.5 K 左右呢？"

"是呀，本来天线接收的辐射温度应该只有 3.5 K 的，不知道那多出来的 4 K 是怎么回事。"彭齐亚斯答道。

原来，从理论上来说，假设宇宙微波背景辐射的温度为 0 K，那么天线接收的辐射温度就应该是大气贡献温度（2.5 K）与来自天线壁、地面的辐射温度（1 K）之和，即 3.5 K。那么，多出来的 4 K 究竟来自哪里呢？

为了解开这个谜，他们对各种可能的因素都逐一进行测定和排除，然而最终也没有找到答案。而且，不管他们怎样改变天线的指向，天线接收的辐射温度仍然比理论值多出了 4 K。

1965 年的春天，麻省理工学院的一位科学家来到贝尔电话实验室参观。彭齐亚斯心想，也许这位科学家能给他们指点迷津。于是，他们就那无法解释的多出来的辐射温度求教于这位来访的科学家。

没想到，这位科学家说："你们为什么不去找找普林斯顿大学的迪克教授团队？他们正在做这方面的理论研究，而且正为找不到背景辐射而烦恼呢！"

彭齐亚斯和威尔逊一听，喜出望外，他们立即同迪克研究小组取得了联系。

原来，他们与迪克研究小组研究的实际上是同一课题，即宇宙微波背景辐射。所谓的宇宙微波背景辐射，是指源自广阔的星系际空间的辐射、属于微波波段且只有 3 K 左右的"冷光"。不过，彭齐亚斯与威尔逊从实验观测着手，而迪克小组则以理论分析为主。迪克小组之所以探测不到微波背景辐射，是因为他们的天线灵敏度不够。

现在，两组科学家联袂攻关，相互交流研究成果，谜团一下子就被解开了。原来，广袤无垠的星系际空间并非绝对的虚空，里面存在着能量辐射，宇宙微波背景辐射温度不是 0 K 而是 3 K。1965 年，双方同时在《天体物理学报》上发表了两篇论文，公布了最新的研究成果。宇宙微波背景辐射的发现，与类星体、脉冲星和星际有机分子一起成为 20 世纪 60 年代世界天文学的"四大发现"。

1978 年，彭齐亚斯和威尔逊因发现"已经使人们有可能获得很久以前宇宙诞生时所发生的宇宙过程的信息"荣获诺贝尔物理学奖。41 年后，美国物理学家和理论宇宙学家詹姆斯·皮布尔斯使用自己独创的理论工具与计算方法，实现了物理宇宙学在理论上的重大发现，在宇宙大爆炸理论及宇宙微波背景辐射研究上取得非凡成就，解释了那些来自宇宙诞生初期的线索，被授予 2019 年度诺贝尔物理学奖。

（沙　莉）

附

录

　　本书所附插图来自世界各国图书馆、博物馆、档案馆等的数字馆藏及各类公版数字资源库，附录对其中部分图片的来源做了详细说明。图片著作权所有者声明无需注明来源的或者已进入公版领域的，本附录不再予以呈现。

🔍 "生物·医药"卷

　　1. "勇于挑战权威的'小解剖家'"篇，图片：英国著名生理学家威廉·哈维画像；来源：Portrait of William Harvey [1578 - 1657], surgeon. Wellcome Collection. Attribution 4.0 International (CC BY 4.0)；网址：https://wellcomecollection.org/works/awmqxhrd。

　　2. "雨水里的秘密"篇，图片：安东尼·范·列文虎克所著《自然的奥秘》中的作者画像；列文虎克著作《自然的奥秘》扉页；来源：Library of Congress, http://hdl.loc.gov/loc.rbc/General.00116.1；网址：https://lccn.loc.gov/11004272。

　　3. "会治病的大黑鱼"篇，图片：一幅描绘了伽伐尼生物电实验过程的版画；来源：De viribus electricitatis in motu musculari commentarius, cum J. Aldini dissertatione et notis. Acc. epistolae ad animalis electricitatis theoriam pertinentes / [Luigi Galvani]. Wellcome Collection. Attribution 4.0 International (CC BY 4.0)；网址：https://wellcomecollection.org/works/rnbddkf5。图片：伽伐尼使用过的实验仪器——隔热桌；来源：Apparatus used by Galvani - insulated table. Wellcome Collection. Attribution 4.0 International (CC BY 4.0)；网址：https://wellcomecollection.org/works/at5szmx5。图片：伽伐尼使用

过的实验仪器——起电盘；来源：Apparatus used by Galvani-electrophores. Wellcome Collection. Attribution 4.0 International (CC BY 4.0)；网址：https://wellcomecollection.org/works/yggjzycp。

4. "笑话引出大发现"篇，图片：英国化学家、物理学家约翰·道尔顿画像；来源：Prints and Photographs Division, Library of Congress, LC-DIG-pga-12996 DLC (digital file from original item) LC-USZ62-64936 DLC (b&w film copy neg.)；网址：https://lccn.loc.gov/2004671522。

5. "敢于挑战教会权威的勇士"篇，图片：英国著名生物学家、进化论的莫基人查尔斯·罗伯特·达尔文画像；来源：Popular and applied graphic art print filing series, Prints and Photographs Division, Library of Congress, LC-DIG-ppmsca-46402 (digital file from original item)；网址：https://lccn.loc.gov/2018697018。图片：一只以"贝格尔号"考察船船长罗伯特·菲茨罗伊之名命名的海豚，南极狼，《"贝格尔号"航行考察中的动物学》插图；来源：Library of Congress, http://hdl.loc.gov/loc.rbc/General.16152v2.1；网址：https://www.loc.gov/resource/rbctos.2017gen16152v5/?st=gallery。

6. "开在修道院里的豌豆花"篇，图片：奥地利帝国生物学家格雷戈尔·约翰·孟德尔画像；来源：Portrait of Gregor Johann Mendel, Garrison. Wellcome Collection. Attribution 4.0 International (CC BY 4.0)；网址：https://wellcomecollection.org/works/tc5xq5ad。

7. "'生理学的无冕之王'"篇，图片：巴甫洛夫（前排右侧）与丹麦物理学家、玻尔模型创立者、1922年诺贝尔物理学奖获得者尼尔斯·亨利克·戴维·玻尔（前排中间）及玻尔夫人（前排左首）；来源：I. P. Pavlov with Niels Bohr and Mrs Bohr, 1935. Wellcome Collection. Attribution 4.0 International (CC BY 4.0)；网址：https://wellcomecollection.org/works/jtj2stct。

8. "奇怪的凝集反应"篇，图片：美籍奥地利裔免疫学家和病理学家卡尔·兰德斯坦纳；网址：https://commons.wikimedia.org/wiki/File:Karl_Landsteiner_(1868%E2%80%931943)_b%26w.jpg。

9. "'世界上最好的特效药'"篇，图片：正在工作中的弗莱明；来源：Sir Alexander Fleming. Wellcome Collection. Attribution 4.0 International (CC BY 4.0)；网址：https://wellcomecollection.org/works/k4ezny6h。

10. "土里淘菌"篇，图片：美国著名微生物学家塞尔曼·亚伯拉罕·瓦克斯曼；来源：Portrait of A Salman Waksman in his laboratory.

Wellcome Collection. Attribution 4.0 International (CC BY 4.0)；网址：https:// wellcomecollection.org/works/wqhxgbuf。图片：瓦克斯曼在实验室中；来源： New York World-Telegram and the Sun Newspaper Photograph Collection, Prints and Photographs Division, Library of Congress, LC-USZ62-119821 (b&w film copy neg.)；网址：https://lccn.loc.gov/98500089。

　　11．"推开基因时代的大门"篇，图片：克里克在纸上绘制的 DNA 双螺旋结构模型；来源：Pencil sketch of the DNA double helix by Francis Crick It shows a right-handed helix and the nucleotides of the two anti-parallel strands. Wellcome Collection. Attribution 4.0 International (CC BY 4.0)；网址：https:// wellcomecollection.org/works/kmebmktz。

🔍 "天文·地理"卷

　　12．"让鸡蛋立起来"篇，图片：一幅创作于 19 世纪末的航海家克里斯托弗·哥伦布画像；来源：Prints and Photographs Division, Library of Congress, LC-DIG-pga-01390 (digital file from original print) LC-USZ62-12765 (b&w film copy neg.)；网址：https://lccn.loc.gov/2003688653。

　　13．"踩在北极点上的第一个脚印"篇，图片：美国探险家、海军军官罗伯特·埃德温·皮里；来源：New York World-Telegram and the Sun Newspaper Photograph Collection, Prints and Photographs Division, Library of Congress, LC-USZ62-120181 (b&w film copy neg.)；网址：https://lccn.loc.gov/ 98502720。图片：站在"罗斯福号"蒸汽船主甲板上的皮里；来源：Prints and Photographs Division, Library of Congress, LC-USZC4-7507 (color film copy transparency) LC-USZ62-8234 (b&w film copy neg.)；网址：https://lccn.loc. gov/00650165。图片：皮里正在向爱斯基摩人分送礼物；来源：Prints and Photographs Division, Library of Congress, LC-USZC4-7505 (color film copy transparency) LC-USZ62-30426 (b&w film copy neg.)；网址：https://lccn.loc. gov/00650164。

　　14．"捷足先登"篇，图片：雄心勃勃的挪威极地探险家罗阿尔德·阿蒙森；来源：George Grantham Bain Collection, Prints and Photographs Division, Library of Congress, LC-DIG-ggbain-07622 (digital file from original neg.)；网址：https://lccn.loc.gov/2014687614。图片：阿蒙森一行人在远征南极的艰难旅程中拍摄的南极山峰的照片；来源：Prints and Photographs Division, Library of Congress, LC-USZ62-70486 (b&w film copy neg.)；网址：https://lccn.loc.gov/2003654686。

15."得而复'失'的'第九大行星'"篇，图片：1930年，汤博正是使用上图中的比较镜对底片进行比较观察，发现了缓慢移动的"行星X"——冥王星；网址：https://commons.wikimedia.org/wiki/File:Zeiss_Blink_comparator_at_Lowell_Observatory_used_in_the_discovery_of_Pluto_by_Clyde_Tombaugh_in_1930.jpg；图片：汤博在1930年1月21日、23日与29日所做的行星观察笔记；网址：https://www.flickr.com/photos/brewbooks/5873313912/。

16."寻找'天电'"篇，图片：美国著名无线电工程师、天文学家卡尔·古特·央斯基；网址：https://commons.wikimedia.org/wiki/File:Karl_Jansky.jpg。图片：曾出现在美国科幻电影《独立日》中的卡尔·古特·央斯基甚大天线阵；网址：https://commons.wikimedia.org/wiki/File:Karl_G._Jansky_Very_Large_Array.jpg。